# 徹底解説　応用数学

―ベクトル解析，複素解析，
フーリエ解析，ラプラス解析―

博士（理学）　桑野　泰宏　著

コロナ社

# まえがき

本書は，微分積分の入門講座を一通り終えた学生向けに書かれた微分積分の続論である。ベクトル解析，複素解析，フーリエ解析，ラプラス解析の四つの章からなり，多くの工学系の大学で「応用数学」などの講義名で教授される内容である。これら4章はたがいに関連しているが，どのような順番で学習してもよいように，また，一部の章だけ選択して学習してもよいように構成した。そのため，複数の章にわたって出てくる事項のいくつかは付録にまとめた。

1章のベクトル解析は，電磁気学などのベクトル場の理論を記述するための数学として発達してきた。そこで1章では，グリーンの定理，ストークスの定理，ガウスの定理について，ベクトル解析の重要な応用例である電磁気学を例に取り入れて説明する。

2章の主題は複素解析である。微分可能な複素関数を正則関数というが，正則関数には微分可能な実関数にはない性質，すなわち，何度でも微分可能であるという性質をもつ。さらに，正則関数の周回積分に関するコーシーの積分定理や留数定理について学び，その応用例として，実軸上の定積分の複素線積分を用いた計算技法についても学ぶ。

3章ではフーリエ解析について学ぶ。周期関数を三角関数を用いて展開するフーリエ級数から説明し，複素フーリエ級数，フーリエ変換と説明を進める。この章の最後に，計算機を用いてフーリエ変換を求めるための計算法として実用上重要な，離散フーリエ変換と高速フーリエ変換についても取り上げた。

4章で扱うのはラプラス解析である。ラプラス変換とその逆変換について説明し，関連してガンマ関数を導入する。さらに，ラプラス変換の常微分方程式や偏微分方程式への応用について説明した。

本書では，定理などの証明は厳密さと丁寧さを心掛けた。ただし，本書の程度を考えて，その旨を明記したうえで証明の一部または全部を省略した箇所がある。数学を修得するにはただ本を読むだけではなく，ペンを手にとって問題を解くことが必要不可欠である。本書では，例題などの問題に丁寧な解答例を付けたので，読者自ら手を動かして，途中の式変形や論理を追いかけてほしい。

本文中の一部のグラフ・図の作図には，Wolfram Mathematica® 10.3 を用いた。また，本文中の一部の数値計算には，Microsoft® Excel® 2013 を用いた。

大学の同僚の川野誠氏，高英聖氏には，原稿を読んでいただいて貴重なご意見をいただいた。コロナ社の方々には，本書の執筆をすすめていただき，編集作業を通じて多大なるご協力をいただいた。これらの方々に心から感謝いたします。

2016 年 7 月

桑野泰宏

本書の使い方

- 以下の項目をひとまとめにして，各章の中で通し番号を付している。
  - **定理・命題・補題・系**とは，定義などから論理的に証明された事柄をいう。これらの中で非常に重要なものを定理，重要なものを命題，命題などを証明するのに必要な補助命題を補題，命題などから容易に導かれるものを系としたが，その区別は厳密なものではない。
  - **法則**とは，実験事実より導き出された物理法則である。数学の定理などのように証明はできない。1 章においては，**法則**と**命題**などをひとまとめにして通し番号を付している。
- 以下の各項目と図，および重要な式には，それぞれ各章の中で通し番号を付してある。
  - **定義**とは，言葉の意味や用法について定めたものである。
  - **注意**とは，定義や定理・命題などに関する注意である。
  - **例**とは，定義や定理・命題などの理解を助けるための実例である。
  - **例題**では，基本的な問題の解き方を丁寧に説明した。
  - **練習**は，(一部の例外を除き) 例題の類題である。
- 各章の章末には，まとめの問題を**章末問題**として配置した。
- 本書では，証明の終わりに □，解答例の終わりに◆を付した。
- 重要な用語は太字にし，巻末の索引で引用するとともに，一部の用語には英訳を付した。探したい項目や式を見つけるには，それぞれの通し番号を参考にするとともに，目次や索引を活用してほしい。

# 目　　　次

## 1. ベクトル解析



## 2. 複素解析

## 3. フーリエ解析



## 4. ラプラス解析

# 本書で用いる記号

本書では以下の記号を用いる。

(1) $A := B$ または $B =: A$ で，$B$ により $A$ を定義すると読む。

(2) 自然数全体の集合を $\mathbb{N}$，整数全体の集合を $\mathbb{Z}$，有理数全体の集合を $\mathbb{Q}$，実数全体の集合を $\mathbb{R}$，複素数全体の集合を $\mathbb{C}$ で表す。なお，本書では自然数を正の整数の意味で用いる。

(3) $a$ が集合 $A$ の元であるとき，$a \in A$ または $A \ni a$ と記す。$a$ が集合 $A$ の元ではないとき，$a \notin A$ または $A \not\ni a$ と記す。

(4) $A, B$ を集合とするとき，$A \cup B$ は $A$ と $B$ の和集合（合併），$A \cap B$ は $A$ と $B$ の積集合（共通部分），$A \backslash B$ は $A$ と $B$ の差集合（集合 $A$ から集合 $B$ の元を取り去って得られる集合）を表す。

例えば，$A := \{2, 4, 6\}, B := \{2, 3, 5\}$ のとき，$A \cup B = \{2, 3, 4, 5, 6\}$, $A \cap B = \{2\}, A \backslash B = \{4, 6\}, B \backslash A = \{3, 5\}$ である。

平面上または 3 次元空間内の領域を点の集合と見なすことにより，複数の領域の合併，共通部分，差をそれぞれ $\cup, \cap, \backslash$ を用いて表すことがある。

(5) $x = a$ の近傍で，$|f(x)| < M|g(x)|$ をみたす正数 $M$ が存在するとき，関数 $f(x)$ は $x \to a$ のとき関数 $g(x)$ で押さえられるといい，$f(x) = O(g(x))$ $(x \to a)$ と記す。

また，$\displaystyle\lim_{x \to a} |f(x)/g(x)| = 0$ が成り立つとき，関数 $f(x)$ は $x \to a$ のとき関数 $g(x)$ に比べて無視できるといい，$f(x) = o(g(x))$ $(x \to a)$ と記す。

例えば，$e^x$ の $x = 0$ のまわりのテイラー展開は $e^x = 1 + x + x^2/2 + \cdots$ であるが，これを

$$e^x = 1 + x + O(x^2)\,(x \to 0), \quad e^x = 1 + x + o(x)\,(x \to 0)$$

などと記す。$O(g(x))$ や $o(g(x))$ を**ランダウの記号**という。

# 1 ベクトル解析

本章ではベクトル解析について学ぶ。その考察対象は，平面上または3次元空間におけるスカラー場とベクトル場である。場とは位置により変化する量であり，そのうち実数値関数となるものがスカラー場であり，ベクトル値関数となるものがベクトル場である。

ベクトル解析において重要なことは，まずスカラー場の勾配，ベクトル場の回転や発散などの微分演算に習熟することである。さらに，ベクトル場の線積分や面積分などの定義を踏まえて，グリーンの定理，ストークスの定理，ガウスの定理の意味について理解することである。

本書では，ベクトル解析の重要な応用例である電磁気学について取り上げた。高等学校から学んできた微分積分学がニュートン力学とともに発展してきたように，ベクトル解析が電磁場などのベクトル場を記述するための数学として発展してきたからである。

本章にはほかの章と違って，いくつかの**法則**が登場する。数学の定理（命題・補題・系を含む）は定義やほかの定理などから論理的に証明できるものである。一方，物理法則は実験事実を一般化したものであり，数学の定理のように証明はできないことに注意しなければならない。数学の定理と物理法則の区別は数学としても物理としてもきわめて重要である。

なお，法則の一部が「証明」されているが，これは，それまでに述べられた定義やほかの法則から式変形などにより示すことができる場合に，定理などの**証明**のマークを流用したものである。ほかの法則が根拠となっている以上，最終的には実験によってその成否が確かめられるものであることはいうまでもない。

## 1.1　ベクトルの基本事項

本章でベクトル解析を学ぶにあたり，**ベクトル**（vector）の基本的なことについて簡単に復習しておこう†。

平面のベクトルまたは 2 成分ベクトルとは $\mathbb{R}^2$ の元のことであり，二つの実数の組からなる。平面ベクトルの演算は以下で定義される。

---

**定義 1.1**　**（平面ベクトルの演算）**　$\mathbb{R}^2 \ni \boldsymbol{a} = \begin{bmatrix} a_1 \\ a_2 \end{bmatrix}$，$\boldsymbol{b} = \begin{bmatrix} b_1 \\ b_2 \end{bmatrix}$ に対し，その和，差およびスカラー倍は，つぎのように定義される。

$$\boldsymbol{a} \pm \boldsymbol{b} = \begin{bmatrix} a_1 \pm b_1 \\ a_2 \pm b_2 \end{bmatrix}, \quad c\boldsymbol{a} = \begin{bmatrix} ca_1 \\ ca_2 \end{bmatrix} \tag{1.1}$$

また，$\boldsymbol{a}$ と $\boldsymbol{b}$ の**内積**（scalar product）は，つぎのように定義される。

$$\boldsymbol{a} \cdot \boldsymbol{b} = a_1 b_1 + a_2 b_2 \tag{1.2}$$

ベクトル $\boldsymbol{a}$ の大きさ $|\boldsymbol{a}|$ は，つぎのように定義される。

$$|\boldsymbol{a}| = \sqrt{\boldsymbol{a} \cdot \boldsymbol{a}} = \sqrt{a_1^2 + a_2^2} \tag{1.3}$$

さらに，$\boldsymbol{a}$ と $\boldsymbol{b}$ の**外積**（vector product）はつぎのように定義される。

$$\boldsymbol{a} \times \boldsymbol{b} = a_1 b_2 - a_2 b_1 \tag{1.4}$$

---

**注意 1.1**　通常，平面ベクトルに対しては外積を定義しないが，本書では後の都合上定義しておいた。定義 1.4 を参照のこと。

空間のベクトルまたは 3 成分ベクトルとは $\mathbb{R}^3$ の元のことであり，三つの実数の組からなる。空間のベクトルの演算は以下で定義される。

---

† 1.1 節に登場する命題の証明はすべて省略する。参考文献1) ほか，線形代数の教科書を参照せよ。

**定義 1.2**　（空間のベクトルの演算）　$\mathbb{R}^3 \ni \boldsymbol{a} = \begin{bmatrix} a_1 \\ a_2 \\ a_3 \end{bmatrix}$，$\boldsymbol{b} = \begin{bmatrix} b_1 \\ b_2 \\ b_3 \end{bmatrix}$ に対し，その和，差およびスカラー倍は，つぎのように定義される。

$$\boldsymbol{a} \pm \boldsymbol{b} = \begin{bmatrix} a_1 \pm b_1 \\ a_2 \pm b_2 \\ a_3 \pm b_3 \end{bmatrix}, \quad c\boldsymbol{a} = \begin{bmatrix} ca_1 \\ ca_2 \\ ca_3 \end{bmatrix} \tag{1.5}$$

また，$\boldsymbol{a}$ と $\boldsymbol{b}$ の内積は，つぎのように定義される。

$$\boldsymbol{a} \cdot \boldsymbol{b} = a_1 b_1 + a_2 b_2 + a_3 b_3 \tag{1.6}$$

ベクトル $\boldsymbol{a}$ の大きさ $|\boldsymbol{a}|$ は，つぎのように定義される。

$$|\boldsymbol{a}| = \sqrt{\boldsymbol{a} \cdot \boldsymbol{a}} = \sqrt{a_1^2 + a_2^2 + a_3^2} \tag{1.7}$$

さらに，$\boldsymbol{a}$ と $\boldsymbol{b}$ の外積は，つぎのように定義される。

$$\boldsymbol{a} \times \boldsymbol{b} = \begin{bmatrix} a_2 b_3 - a_3 b_2 \\ a_3 b_1 - a_1 b_3 \\ a_1 b_2 - a_2 b_1 \end{bmatrix} \tag{1.8}$$

ベクトルの内積と外積について，つぎの一連の命題が成り立つことがわかる。

**命題 1.1**　平面上または3次元空間における二つのベクトル $\boldsymbol{a}$，$\boldsymbol{b}$ の内積と外積について，つぎが成り立つ。

$$\boldsymbol{a} \cdot \boldsymbol{b} = \boldsymbol{b} \cdot \boldsymbol{a}, \quad \boldsymbol{a} \times \boldsymbol{b} = -\boldsymbol{b} \times \boldsymbol{a} \tag{1.9}$$

**命題 1.2**　平面上または3次元空間における二つのベクトル $\boldsymbol{a}$，$\boldsymbol{b}$ に対して

$$\boldsymbol{a} \cdot \boldsymbol{b} = |\boldsymbol{a}||\boldsymbol{b}| \cos\theta \tag{1.10}$$

が成り立つ。ここで，$\theta$ は $\boldsymbol{a}$ と $\boldsymbol{b}$ のなす角とする。

**注意 1.2**　$\boldsymbol{a}=\mathbf{0}$ または $\boldsymbol{b}=\mathbf{0}$ のとき，$\boldsymbol{a}$ と $\boldsymbol{b}$ のなす角 $\theta$ は定義できないが，式 (1.10) の左辺は定義式 (1.2)，定義式 (1.6) より 0 に等しく，式 (1.10) の右辺も $|\boldsymbol{a}|=0$ または $|\boldsymbol{b}|=0$ より 0 に等しい。すなわち，$0=0$ の意味で式 (1.10) が成り立つ。

**命題 1.3**　二つの空間ベクトル $\boldsymbol{a}$，$\boldsymbol{b}$ の外積 $\boldsymbol{a}\times\boldsymbol{b}$ は，$\boldsymbol{a}$ と $\boldsymbol{b}$ にともに垂直で，その大きさは $\boldsymbol{a}$ と $\boldsymbol{b}$ を隣り合う 2 辺とする平行四辺形の面積に等しい。

**注意 1.3**　$\boldsymbol{a}$ と $\boldsymbol{b}$ にともに垂直で，その大きさが $\boldsymbol{a}$ と $\boldsymbol{b}$ を隣り合う 2 辺とする平行四辺形の面積に等しいベクトルは 2 本ある。もし右手系の座標系，すなわち，$+x$ 軸から $+y$ 軸へと右ねじを回したときにねじが進む向きを $+z$ 軸としたとき，$\boldsymbol{a}\times\boldsymbol{b}$ は，$\boldsymbol{a}$ から $\boldsymbol{b}$ へと右ねじを回したときにねじが進む向きである（図 **1.1**）。

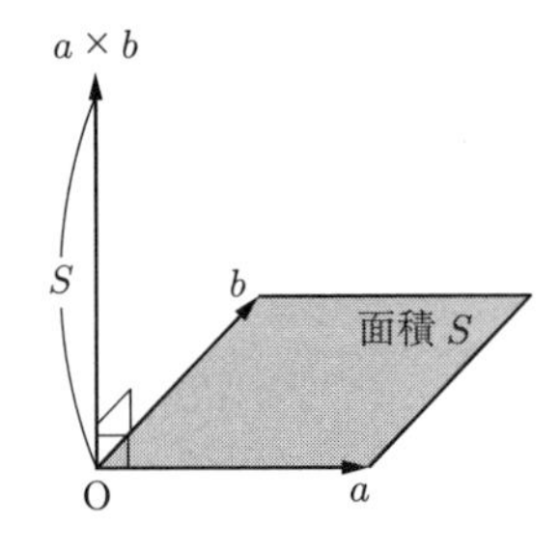


**図 1.1**　ベクトルの外積

**命題 1.4**　ベクトル $\boldsymbol{a}, \boldsymbol{b}, \boldsymbol{c}\in\mathbb{R}^3$ を隣り合う 3 辺とする平行六面体の体積 $V$ は，$|(\boldsymbol{a}\times\boldsymbol{b})\cdot\boldsymbol{c}|$ に等しい。

**注意 1.4**　$(\boldsymbol{a}\times\boldsymbol{b})\cdot\boldsymbol{c}$ は，$\boldsymbol{a}$，$\boldsymbol{b}$，$\boldsymbol{c}\in\mathbb{R}^3$ を隣り合う 3 辺とする平行六面体の符号付きの体積と考えられる。$(\boldsymbol{a}\times\boldsymbol{b})\cdot\boldsymbol{c}>0$ となるのは，外積 $(\boldsymbol{a}\times\boldsymbol{b})$ と $\boldsymbol{c}$ のなす角 $\theta$ が鋭角のときであり，$(\boldsymbol{a}\times\boldsymbol{b})\cdot\boldsymbol{c}<0$ となるのは，$\theta$ が鈍角のときである。

ベクトル $\boldsymbol{a}$，$\boldsymbol{b}$，$\boldsymbol{c}$ を巡回的（サイクリック）に入れ替えても平行六面体の符号付きの体積が変わらないことから，つぎが命題 1.4 の系として成り立つ。

**系 1.5**　$\boldsymbol{a}, \boldsymbol{b}, \boldsymbol{c}\in\mathbb{R}^3$ に対して，つぎの関係式が成り立つ。

$$(\boldsymbol{a} \times \boldsymbol{b}) \cdot \boldsymbol{c} = (\boldsymbol{b} \times \boldsymbol{c}) \cdot \boldsymbol{a} = (\boldsymbol{c} \times \boldsymbol{a}) \cdot \boldsymbol{b} \tag{1.11}$$

**注意 1.5**　行列とベクトルの積を考えるときには，ベクトルを縦ベクトルと考えるほうが都合がよい†。しかし行列とベクトルの積を考えないですむ場合には，縦ベクトルでも横ベクトルでも話は変わらない。そこで本章では，スペースを省略するため，ベクトルを $\mathbb{R}^2 \ni \boldsymbol{a} = (a_1, a_2)$, $\mathbb{R}^3 \ni \boldsymbol{a} = (a_1, a_2, a_3)$ のように横ベクトルの形で書くことにする。

## 1.2　平面上のスカラー場とベクトル場

本節と次節では，平面座標 $\boldsymbol{r} = (x, y)$ を変数とする関数を考えよう。関数の種類はスカラー値関数 $f(\boldsymbol{r})$ とベクトル値関数 $\boldsymbol{A}(\boldsymbol{r})$ である。

**定義 1.3**（スカラー場とベクトル場 I）　平面座標を変数とするスカラー値関数のことを**スカラー場**（scalar field），ベクトル値関数のことを**ベクトル場**（vector field）という。より正確には，2 次元平面 $\mathbb{R}^2$ の部分集合 $P$ 上の実数値関数 $f : P \longrightarrow \mathbb{R}$ をスカラー場といい，$P$ から $\mathbb{R}^2$ へのベクトル値関数 $\boldsymbol{A} : P \longrightarrow \mathbb{R}^2$ をベクトル場という。

**例 1.1**　$\mathbb{R}^2$ 上の点 $\boldsymbol{r} = (x, y)$ の原点からの距離 $f(\boldsymbol{r}) = |\boldsymbol{r}| = r = \sqrt{x^2 + y^2}$ はスカラー場である。

**例 1.2**　**図 1.2** は，点 $\boldsymbol{r} = (x, y)$ での値が，$\boldsymbol{A}_1(\boldsymbol{r}) = (x, y)$，$\boldsymbol{A}_2(\boldsymbol{r}) = (-y, x)$ となるベクトル場の様子を表したものである。

† 実際，3.6 節と 3.7 節で行列とベクトルの積を考えるときは，ベクトルを縦ベクトルと見なす。また，3.7 節では行列やベクトルの成分を複素数に拡張して用いる。

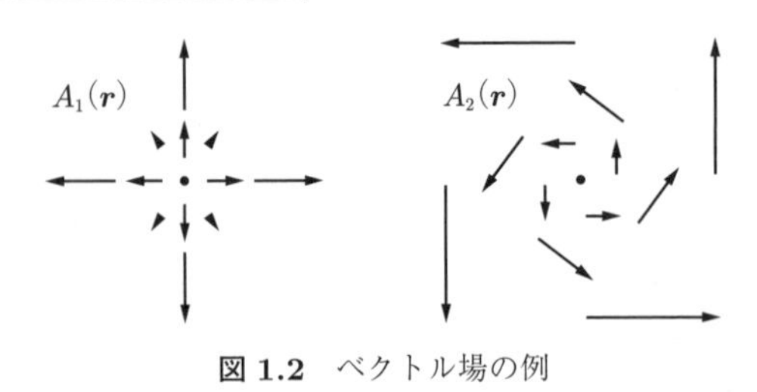


図 1.2　ベクトル場の例

---

**定義 1.4**（スカラー場とベクトル場の微分 I）　$\nabla = (\partial/\partial x, \partial/\partial y)$ として，平面上のスカラー場 $f(x,y)$ とベクトル場 $\boldsymbol{A}(x,y) = (A_1(x,y), A_2(x,y))$ に対し，つぎの三つの微分演算を導入する。

$$\mathrm{grad}\, f = \nabla f = \left(\frac{\partial f}{\partial x}, \frac{\partial f}{\partial y}\right) \tag{1.12 a}$$

$$\mathrm{rot}\, \boldsymbol{A} = \nabla \times \boldsymbol{A} = \frac{\partial A_2}{\partial x} - \frac{\partial A_1}{\partial y} \tag{1.12 b}$$

$$\mathrm{div}\, \boldsymbol{A} = \nabla \cdot \boldsymbol{A} = \frac{\partial A_1}{\partial x} + \frac{\partial A_2}{\partial y} \tag{1.12 c}$$

式 (1.12 a)，式 (1.12 b)，式 (1.12 c) をそれぞれ，スカラー場 $f$ の**勾配**（gradient），ベクトル場 $\boldsymbol{A}$ の**回転**（rotation），ベクトル場 $\boldsymbol{A}$ の**発散**（divergence）という。

---

**注意 1.6**　微分演算子 $\nabla$ はナブラと読む。

---

**例 1.3**　例 1.1 の $f(x,y) = r = \sqrt{x^2+y^2}$ に対して，$\mathrm{grad}\, f = (x/\sqrt{x^2+y^2}, y/\sqrt{x^2+y^2}) = \boldsymbol{r}/r$ が成り立つ。

---

**例 1.4**　例 1.2 の $\boldsymbol{A}_1(x,y) = (x,y)$ に対して，$\mathrm{rot}\, \boldsymbol{A}_1 = 0$，$\mathrm{div}\, \boldsymbol{A}_1 = 2$ が成り立つ。

**例題 1.1**　つぎのベクトル場の絵を描け。

(1)　$\boldsymbol{A}(\boldsymbol{r}) = (1, 0)$　　(2)　$\boldsymbol{A}(\boldsymbol{r}) = (0, x)$

解答例　(1)，(2) のベクトル場の絵は図 **1.3** の通りである。　◆

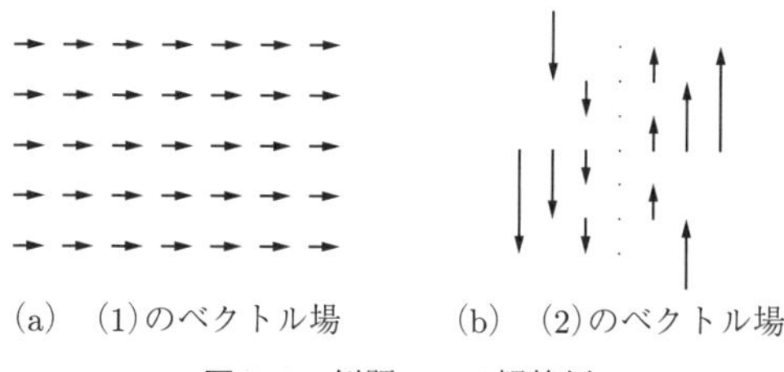

(a)　(1)のベクトル場　　(b)　(2)のベクトル場

**図 1.3**　例題 1.1 の解答例

**練習 1.1**　例 1.2 の $\boldsymbol{A}_2(x, y) = (-y, x)$ に対して，$\mathrm{rot}\,\boldsymbol{A}_2$ と $\mathrm{div}\,\boldsymbol{A}_2$ を求めよ。

## 1.3　平面上の線積分とグリーンの定理

物理で，物体をある道筋に沿って運ぶときの仕事量 $W$ を計算することがある。これを数学的に定義するとき，曲線（curve）に沿った積分，すなわち**線積分**（curve integral）を定義しなければならない。

そこでまず，平面上の曲線を定義する。本書では簡単のため，曲線として方程式 $f(x, y) = 0$ の形で定義される曲線とパラメータ付き曲線の二つを扱う。

**定義 1.5**　（$\boldsymbol{C^n}$ **級曲線**）　$C^n$ 級（$n$ 回微分可能で，$n$ 階導関数が連続）の 2 変数関数 $f(x, y)$ に対し，$f(x, y) = 0$ となる点全体の集合

$$C := \{(x, y) \in \mathbb{R}^2 | f(x, y) = 0\}$$

を，平面上の $\boldsymbol{C^n}$ **級曲線**という。ただし，$C$ が空集合または孤立した点の集合である場合を除く。

**例 1.5** $f(x,y)=x^2+y^2-1$ のとき，$f$ は $C^n$ 級関数であり（$n \in \mathbb{N}$），$f(x,y)=0$ は原点を中心とする半径 1 の円，すなわち単位円を表す。

一方，$g(x,y)=x^2+y^2+1$ のとき，$g$ は $C^n$ 級関数であるが（$n \in \mathbb{N}$），$g(x,y)=0$ をみたす点は存在しないので，$g(x,y)=0$ は平面上の曲線を表してはいない。

つぎにパラメータ付き曲線を定義する。

**定義 1.6**（**パラメータ付き曲線**） 閉区間 $[a,b]$ から $\mathbb{R}^2$ への写像 $\boldsymbol{r}:[a,b] \to \mathbb{R}^2$ が $[a,b]$ の有限個の点以外で $C^n$ 級であるとき，この写像の像 $\{\boldsymbol{r}(t) \in \mathbb{R}^2 | a \leqq t \leqq b\}$ を平面上の区分的 $C^n$ 級の**パラメータ付き曲線**（parametric curve）という。

**例 1.6** 単位円の「上半分」$C: x^2+y^2=1$（$y \geqq 0$）は $y=\sqrt{1-x^2}$ と書くことができる。よって，曲線 $C$ を $(t, \sqrt{1-t^2})$（$-1 \leqq t \leqq 1$）のようにパラメータ付き曲線で表すことができる。

また，別のパラメータ表示として，$(\cos\theta, \sin\theta)$（$0 \leqq \theta \leqq \pi$）がある（**図 1.4**）。

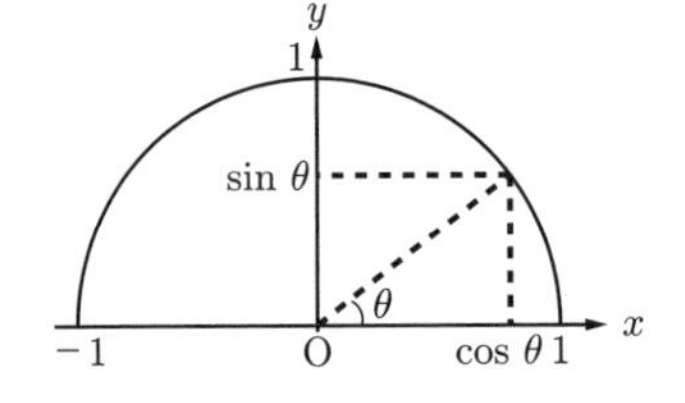


**図 1.4** 単位円の「上半分」

**定義 1.7**（**接ベクトルと法ベクトル**） 平面上の $C^1$ 級のパラメータ付き曲線 $\{\boldsymbol{r}(t)=(x(t),y(t)) \in \mathbb{R}^2 | a \leqq t \leqq b\}$ に対し，$d\boldsymbol{r}(t)/dt=(dx(t)/dt,$

$dy(t)/dt$) を点 $\boldsymbol{r}(t)$ における**接ベクトル**（tangent vector）という。

また，点 $\boldsymbol{r}(t)$ における接ベクトルと直交するベクトル $\boldsymbol{n}(t)$ を，その点における**法ベクトル**（normal vector）という。

---

**命題 1.6**　平面上の $C^1$ 級のパラメータ付き曲線 $\{\boldsymbol{r}(t) \in \mathbb{R}^2 | a \leqq t \leqq b\}$ が $f(x, y) = 0$ をみたすとき，点 $(x(t), y(t))$ におけるスカラー場 $f$ の勾配は，その点における接ベクトルに直交する。すなわち，$\mathrm{grad}\, f$ は曲線 $f(x, y) = 0$ の法ベクトルである。

**証明**　2 変数関数の合成関数の微分公式より

$$\frac{df}{dt} = \frac{\partial f}{\partial x}\frac{dx(t)}{dt} + \frac{\partial f}{\partial y}\frac{dy(t)}{dt} \tag{1.13}$$

が成り立つ。パラメータ付き曲線 $\{\boldsymbol{r}(t) | a \leqq t \leqq b\}$ 上でつねに $f(x, y) = 0$ が成り立つから，式 (1.13) の左辺は 0 に等しい。一方，式 (1.13) の右辺は点 $(x(t), y(t))$ における $\mathrm{grad}\, f = (\partial f/\partial x, \partial f/\partial y)$ と接ベクトル $d\boldsymbol{r}(t)/dt = (dx(t)/dt, dy(t)/dt)$ の内積に等しい。すなわち

$$0 = \mathrm{grad}\, f \cdot \frac{d\boldsymbol{r}(t)}{dt} \tag{1.14}$$

が成り立つ。命題 1.2 により，式 (1.14) は $\mathrm{grad}\, f$ と接ベクトルが直交していることを意味する。□

つぎに平面上のベクトル場の線積分について定義する。

---

**定義 1.8**　（**ベクトル場の線積分 I**）　$\boldsymbol{A}(\boldsymbol{r})$（$\boldsymbol{r} \in \mathbb{R}^2$）を平面上の連続なベクトル場とする。ベクトル場 $\boldsymbol{A}$ の区分的 $C^1$ 級のパラメータ付き曲線 $C := \{\boldsymbol{r}(t) \in \mathbb{R}^2 | a \leqq t \leqq b\}$ に沿った線積分を，つぎで定義する。

$$\int_C \boldsymbol{A}(\boldsymbol{r}) \cdot d\boldsymbol{r} = \int_a^b \boldsymbol{A}(\boldsymbol{r}(t)) \cdot \frac{d\boldsymbol{r}}{dt} dt \tag{1.15}$$

なお，式 (1.15) の右辺の積分は，リーマン積分の意味で収束しているもの

とする。

---

**例 1.7**　物体に一定の力 $\boldsymbol{F}$ を加えて A から B まで（一直線に）変位したとき，物体にした仕事は $W = \boldsymbol{F}\cdot\overrightarrow{\mathrm{AB}}$ である。なぜなら，仕事 $W$ は力 $\boldsymbol{F}$ の大きさと力 $\boldsymbol{F}$ の向きへの変位の積，すなわち，図 **1.5** の $|\boldsymbol{F}|\cdot\mathrm{AH} = |\boldsymbol{F}|\cdot\mathrm{AB}\cos\theta = \boldsymbol{F}\cdot\overrightarrow{\mathrm{AB}}$ となるからである。

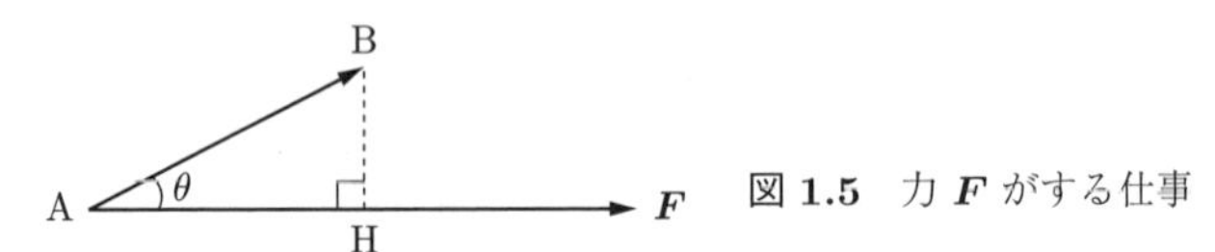

図 **1.5**　力 $\boldsymbol{F}$ がする仕事

力 $\boldsymbol{F}$ が位置 $\boldsymbol{r}$ の（ベクトル値）関数 $\boldsymbol{F}(\boldsymbol{r})$ のとき，$\boldsymbol{r}$ から $\boldsymbol{r}+\Delta\boldsymbol{r}$ まで微小変位したときの微小仕事は $\Delta W = \boldsymbol{F}(\boldsymbol{r})\cdot\Delta\boldsymbol{r}$ である。よって A から B まで曲線 $C$ に沿って変位したときの仕事 $W$ は，定義 1.8 で定義した線積分を用いてつぎのように書ける。

$$W = \int_C \boldsymbol{F}(\boldsymbol{r})\cdot d\boldsymbol{r}$$

---

**例題 1.2**　平面上のベクトル場 $\boldsymbol{A}(x,y) = (-y,x)$ のパラメータ付き曲線 $(\cos t, \sin t)$（$0 \leqq t \leqq \pi$）に沿った線積分 $\displaystyle\int_0^\pi \boldsymbol{A}(\boldsymbol{r}(t))\cdot(d\boldsymbol{r}/dt)\,dt$ を求めよ。

---

**解答例**　$\boldsymbol{r}(t) = (\cos t, \sin t)$ のとき，$\boldsymbol{A}(\boldsymbol{r}(t)) = (-\sin t, \cos t)$，$d\boldsymbol{r}/dt = (-\sin t,\ \cos t)$ であるから，$\boldsymbol{A}(\boldsymbol{r}(t))\cdot d\boldsymbol{r}/dt = (-\sin t)^2 + \cos^2 t = 1$ となる。よって

$$\int_0^\pi \boldsymbol{A}(\boldsymbol{r}(t))\cdot\frac{d\boldsymbol{r}}{dt}dt = \int_0^\pi dt = \pi$$

となる。　◆

**練習 1.2**　平面上のベクトル場 $\boldsymbol{A}(x,y) = (x,y)$ のパラメータ付き曲線 $(\cos t, \sin t)$（$0 \leq t \leq \pi$）に沿った線積分 $\displaystyle\int_0^\pi \boldsymbol{A}(\boldsymbol{r}(t))\cdot(d\boldsymbol{r}/dt)\,dt$ を求めよ。

**定義 1.9**　(**閉曲線の向き I**)　$S$ を $C^1$ 級の閉曲線 (closed curve) $C$ を境界とする有界領域とする。閉曲線 $C$ の法ベクトル $\boldsymbol{n}$ を $S$ の外側に向かう向きにとる。閉曲線 $C$ の接ベクトルが $\boldsymbol{n}$ を反時計回りに $90°$ 回した向き，言い換えれば $S$ を進行方向左側に見て進む向きを閉曲線 $C$ の正の向きという。

**例 1.8**　平面上の領域 $S$ が半径 $a$ の円板であるとき，その境界である半径 $a$ の円周 $C$ の向きは，$C$ を反時計回りに回る向きである (**図 1.6**)。

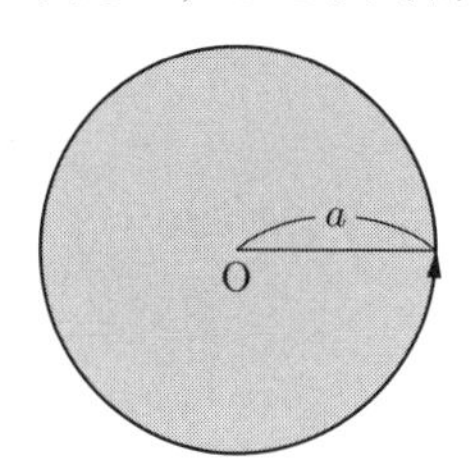


**図 1.6**　閉曲線の向きの例 1

**例 1.9**　半径 $a$，$b$ $(0 < b < a)$ の同心円がある。平面上の領域 $S$ が半径 $a$ の円板から半径 $b$ の円板をくり抜いた領域とするとき，その境界 $C$ は半径 $a$ の円周 $C_a$ と半径 $b$ の円周 $C_b$ の二つからなる。$C_a$ の向きは反時計回りであるが，$C_b$ の向きは時計回りである (**図 1.7**)。実際，$S$ の内部を進行方向左側に見て進む向きを考えれば，外側と内側の円周で回る向きは逆になる。

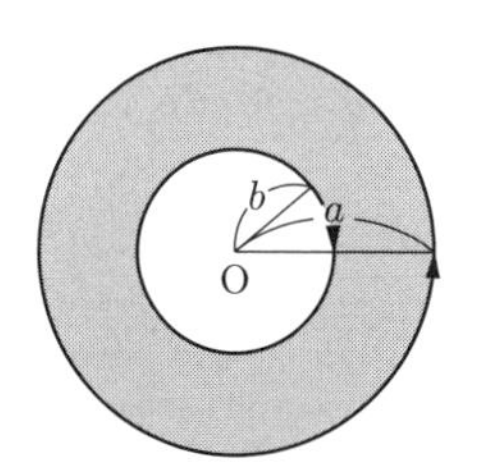


**図 1.7**　閉曲線の向きの例 2

以上の準備のもとで，**グリーンの定理**（Green's theorem）を述べる。

**定理 1.7**（グリーンの定理）$S$ を区分的 $C^1$ 級の閉曲線 $C$ を境界とする平面上の有界領域とし，$\boldsymbol{A}$ を平面上の $C^1$ 級ベクトル場とする。このとき

$$\int\!\!\int_S \mathrm{rot}\,\boldsymbol{A}\,dxdy = \oint_C \boldsymbol{A}\cdot d\boldsymbol{r} \tag{1.16}$$

が成り立つ。ここで右辺は閉曲線 $C$ の正の向きに沿っての線積分を表す。

**証明**　まず，$S$ が両軸に平行な長方形 $[a,b]\times[c,d]$ の場合に示す。長方形の 4 頂点はそれぞれ，$\mathrm{A}(a,c)$，$\mathrm{B}(b,c)$，$\mathrm{C}(b,d)$，$\mathrm{D}(a,d)$ である。$S$ の境界 $C$ は四つの線分 AB，BC，CD，DA からなるが，これらを順に $C_1$，$C_2$，$C_3$，$C_4$ と名付けると，式 (1.16) の右辺は

$$\int_C \boldsymbol{A}\cdot d\boldsymbol{r} = \int_{C_1} \boldsymbol{A}\cdot d\boldsymbol{r} + \int_{C_2} \boldsymbol{A}\cdot d\boldsymbol{r} + \int_{C_3} \boldsymbol{A}\cdot d\boldsymbol{r} + \int_{C_4} \boldsymbol{A}\cdot d\boldsymbol{r} \tag{1.17}$$

である。

積分記号下の微分定理[†]より

$$\begin{aligned}\int_c^d dy \int_a^b \left(\frac{\partial A_2}{\partial x}\right) dx &= \int_c^d (A_2(b,y) - A_2(a,y))\,dy \\ &= \int_{C_2} \boldsymbol{A}\cdot d\boldsymbol{r} + \int_{C_4} \boldsymbol{A}\cdot d\boldsymbol{r} \end{aligned} \tag{1.18}$$

が成り立つ。ここで，$C_2$ と $C_4$ ではそれぞれ $d\boldsymbol{r} = (0, dy)$，$d\boldsymbol{r} = (0, -dy)$ であることを用いた。同様にして

$$\begin{aligned}\int_a^b dx \int_c^d \left(-\frac{\partial A_1}{\partial y}\right) dy &= \int_a^b (-A_1(x,d) + A_1(x,c))\,dx \\ &= \int_{C_3} \boldsymbol{A}\cdot d\boldsymbol{r} + \int_{C_1} \boldsymbol{A}\cdot d\boldsymbol{r} \end{aligned} \tag{1.19}$$

が成り立つ。ここで，$C_3$ と $C_1$ ではそれぞれ $d\boldsymbol{r} = (-dx, 0)$，$d\boldsymbol{r} = (dx, 0)$ であることを用いた。よって，式 (1.17)〜式 (1.19) より，$S =$ 長方形 ABCD のとき式 (1.16) が成り立つ。

† 例えば参考文献2) の定理 5.11 を参照のこと。

つぎに，$S$ が図 **1.8** のような二つの長方形 $S_1$, $S_2$ に分割できるとき，図の長方形 ABCD, ECFG にそれぞれグリーンの定理を適用すると，左辺の和は $S_1$ と $S_2$ を合わせた領域 $S$ 上の面積分に，右辺は内部の辺 CD 上の積分が二つの長方形で逆向きになっているため打ち消し，結局 $S$ の外周である ABFGEDA に沿った線積分となる。よってこの場合もグリーンの定理が成り立つ。

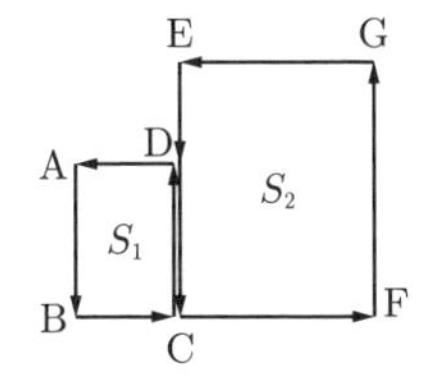

**図 1.8**　$S = S_1 + S_2$ の場合

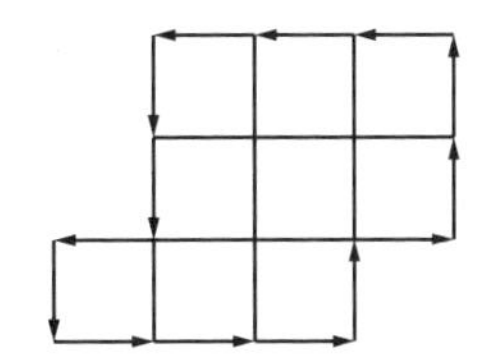
**図 1.9**　$S$ が多数の長方形の合併の場合

$S$ が三つ以上の長方形に分割できる場合も同様である（**図 1.9**）。各長方形に対してグリーンの定理を適用すると，左辺の和は長方形の合併である領域 $S$ 上の面積分に，右辺は内部の辺上の積分がすべて打ち消し合って $S$ の外周に沿った線積分になるからである。

$S$ が一般の有界領域の場合は，$S$ を微小長方形に分割して，それらを足しあげればよい。□

---

**例題 1.3**　平面上のベクトル場 $\boldsymbol{A}(x,y) = (-y,x)$ に対し，原点を中心とする半径 1 の円の内部および円周を $S$ とする。このとき，定理 1.7 が成り立つことを示せ。

---

**証明**　$S$ の境界 $C$ は単位円 $x^2+y^2=1$ である。境界 $C$ を $(\cos t, \sin t)$ $(0 \leqq t \leqq 2\pi)$ によりパラメータ付けする。例題 1.2 とまったく同様に $\boldsymbol{A}(\boldsymbol{r}(t)) \cdot d\boldsymbol{r}/dt = 1$ である。よって，式 (1.16) の右辺は

$$\int_C \boldsymbol{A} \cdot d\boldsymbol{r} = \int_0^{2\pi} \boldsymbol{A}(\boldsymbol{r}(t)) \cdot \frac{d\boldsymbol{r}}{dt} dt = \int_0^{2\pi} dt = 2\pi \tag{1.20}$$

である。一方

$$\mathrm{rot}\, \boldsymbol{A} = \frac{\partial A_2}{\partial x} - \frac{\partial A_1}{\partial y} = \frac{\partial x}{\partial x} - \frac{\partial(-y)}{\partial y} = 2$$

より，式 (1.16) の左辺は

$$\iint_S \mathrm{rot}\,\boldsymbol{A}dxdy = 2\iint_S dxdy = 2\pi \tag{1.21}$$

である。ここで，半径 1 の円の面積が $\pi$ であることを用いた。式 (1.20) と式 (1.21) により，この場合定理 1.7 が成り立つ。 □

**練習 1.3**　平面上のベクトル場 $\boldsymbol{A}(x,y) = (-y, x)$ に対し，楕円 $C : (x^2/a^2) + (y^2/b^2) = 1$ の内部および周上を $S$ とする。このとき，定理 1.7 が成り立つことを示せ。

## 1.4　3 次元空間のスカラー場とベクトル場

本節以降，3 次元空間座標 $\boldsymbol{r} = (x, y, z)$ を変数とする関数を考えよう。関数の種類は，スカラー値関数 $f(\boldsymbol{r})$ とベクトル値関数 $\boldsymbol{A}(\boldsymbol{r})$ である。

**定義 1.10**（スカラー場とベクトル場 II）　座標を変数とするスカラー値関数のことを**スカラー場**，ベクトル値関数のことを**ベクトル場**という。より正確には，3 次元空間 $\mathbb{R}^3$ の部分集合 $P$ 上の実数値関数 $f : P \longrightarrow \mathbb{R}$ をスカラー場といい，$P$ から $\mathbb{R}^3$ へのベクトル値関数 $\boldsymbol{A} : P \longrightarrow \mathbb{R}^3$ をベクトル場という。

**例 1.10**　$\mathbb{R}^3$ 上の点 $\boldsymbol{r} = (x, y, z)$ の原点からの距離 $f(\boldsymbol{r}) = |\boldsymbol{r}| = r = \sqrt{x^2 + y^2 + z^2}$ はスカラー場である。

**例 1.11**　原点 O にある電荷 $Q$ が点 P にある電荷 $q$ に及ぼす力 $\boldsymbol{F}$ は，$\overrightarrow{\mathrm{OP}} = \boldsymbol{r}$ と置けば

$$\boldsymbol{F} = k\frac{Qq}{r^2}\frac{\boldsymbol{r}}{r}, \quad k = \frac{1}{4\pi\varepsilon_0} = 9.0 \times 10^9\,\mathrm{N{\cdot}m^2/C^2} \tag{1.22}$$

と書ける。ここで，$\varepsilon_0$ は真空の誘電率である。式 (1.22) で与えられる力 $\boldsymbol{F}$ を**クーロン力**（Coulomb's force）という。

式 (1.22) を

$$\boldsymbol{F}(\boldsymbol{r}) = q\boldsymbol{E}(\boldsymbol{r}), \quad \boldsymbol{E}(\boldsymbol{r}) = \frac{1}{4\pi\varepsilon_0}\frac{Q}{r^2}\frac{\boldsymbol{r}}{r} \tag{1.23}$$

と分解して，点 O の電荷 $Q$ が空間に電場 $\boldsymbol{E}(\boldsymbol{r})$ をつくり，この電場が点 P の電荷 $q$ に力 $\boldsymbol{F}(\boldsymbol{r})$ を及ぼすと解釈する。電場 $\boldsymbol{E}(\boldsymbol{r})$ は3次元空間のベクトル場である。

---

**法則 1.8**　**（クーロンの法則 (Coulomb's law)）**　真空中の原点 O に置かれた点電荷 $Q$ は，点 $\boldsymbol{r} = \overrightarrow{\mathrm{OP}}$ に**電場**（electric field）

$$\boldsymbol{E}(\boldsymbol{r}) = \frac{1}{4\pi\varepsilon_0}\frac{Q}{r^2}\frac{\boldsymbol{r}}{r} \tag{1.24}$$

をつくる。電場 (1.24) は，点 P に置かれた点電荷 $q$ にクーロン力 $\boldsymbol{F}(\boldsymbol{r}) = q\boldsymbol{E}(\boldsymbol{r})$ を及ぼす。

3次元空間における線積分も，定義 1.8 と同様に定義できる。

---

**定義 1.11**　（**$\mathbb{R}^3$ 内の $C^n$ 級曲線**）　閉区間 $[a,b]$ から $\mathbb{R}^3$ への写像 $\boldsymbol{r} : [a,b] \to \mathbb{R}^3$ が $[a,b]$ の有限個の点以外で $C^n$ 級であるとき，この写像の像 $\{\boldsymbol{r}(t) \in \mathbb{R}^3 | a \leqq t \leqq b\}$ を $\mathbb{R}^3$ 内の区分的 $C^n$ 級の**パラメータ付き曲線**という。

---

**定義 1.12**　（**ベクトル場の線積分 II**）　$\boldsymbol{A}(\boldsymbol{r})$（$\boldsymbol{r} \in \mathbb{R}^3$）を3次元空間の連続なベクトル場とする。ベクトル場 $\boldsymbol{A}$ の区分的 $C^1$ 級のパラメータ付き曲線 $C := \{\boldsymbol{r}(t) \in \mathbb{R}^3 | a \leqq t \leqq b\}$ に沿った線積分を，つぎで定義する。

$$\int_C \boldsymbol{A}(\boldsymbol{r}) \cdot d\boldsymbol{r} = \int_a^b \boldsymbol{A}(\boldsymbol{r}(t)) \cdot \frac{d\boldsymbol{r}}{dt} dt \tag{1.25}$$

なお，式 (1.25) の右辺の積分は，リーマン積分の意味で収束しているものとする。

---

**例 1.12**　例 1.11 で点 $\boldsymbol{r} = \overrightarrow{\mathrm{OP}}$ に単位電荷 $q = 1$ を置くとき，原点の電荷 $Q$ から $\boldsymbol{F} = 1 \cdot \boldsymbol{E} = (1/4\pi\varepsilon_0) \cdot (Q/r^2) \cdot (\boldsymbol{r}/r)$ のクーロン力を受ける。このクーロン力 $\boldsymbol{F}$ に抗して単位電荷を無限遠点から点 P まで移動させるのに必要な仕事を $\varphi(\boldsymbol{r})$ とすると

$$\varphi(\boldsymbol{r}) = -\int_{\infty}^{\mathrm{P}} \boldsymbol{F} \cdot d\boldsymbol{r} \tag{1.26}$$

である†。$\varphi(\boldsymbol{r})$ の値を点 P における**電位**（electric potential）という。

$\varphi(\boldsymbol{r})$ を計算するのに，直線 OP の P 側への延長線上に沿って積分することにすると

$$\varphi(\boldsymbol{r}) = -\int_{\infty}^{\mathrm{P}} \frac{1}{4\pi\varepsilon_0}\frac{Q}{r^2}dr = \left[\frac{1}{4\pi\varepsilon_0}\frac{Q}{r}\right]_{\infty}^{r} = \frac{1}{4\pi\varepsilon_0}\frac{Q}{r} \tag{1.27}$$

となる。電位 $\varphi(\boldsymbol{r})$ は 3 次元空間のスカラー場である。

---

3 次元空間のスカラー場とベクトル場の微分をつぎのように定義する。

---

**定義 1.13**　**（スカラー場とベクトル場の微分 II）**　$\nabla = (\partial/\partial x, \partial/\partial y, \partial/\partial z)$ として，$\mathbb{R}^3$ 内のスカラー場 $f(x, y, z)$ とベクトル場 $\boldsymbol{A}(x, y, z) = (A_1(x, y, z), A_2(x, y, z), A_3(x, y, z))$ に対し，つぎの三つの微分演算を導入する。

$$\mathrm{grad}\, f = \nabla f = \left(\frac{\partial f}{\partial x}, \frac{\partial f}{\partial y}, \frac{\partial f}{\partial z}\right) \tag{1.28 a}$$

$$\mathrm{rot}\, \boldsymbol{A} = \nabla \times \boldsymbol{A}$$

† 力 $\boldsymbol{F}$ に抗して単位電荷を移動させるには，作用反作用の法則で $-\boldsymbol{F}$ の力を加える必要があるため，式 (1.26) には負号が付く。

$$= \left( \frac{\partial A_3}{\partial y} - \frac{\partial A_2}{\partial z}, \frac{\partial A_1}{\partial z} - \frac{\partial A_3}{\partial x}, \frac{\partial A_2}{\partial x} - \frac{\partial A_1}{\partial y} \right) \tag{1.28 b}$$

$$\mathrm{div}\, \boldsymbol{A} = \nabla \cdot \boldsymbol{A} = \frac{\partial A_1}{\partial x} + \frac{\partial A_2}{\partial y} + \frac{\partial A_3}{\partial z} \tag{1.28 c}$$

式 (1.28 a)，式 (1.28 b)，式 (1.28 c) をそれぞれ，スカラー場 $f$ の**勾配**，ベクトル場 $\boldsymbol{A}$ の**回転**，ベクトル場 $\boldsymbol{A}$ の**発散**という。

---

**例 1.13**　$\boldsymbol{r} = (x, y, z)$ に対して $r = |\boldsymbol{r}| = \sqrt{x^2 + y^2 + z^2}$ と置くとき

$$\frac{\partial}{\partial x}\left(\frac{1}{r}\right) = -\frac{1}{r^2} \frac{x}{\sqrt{x^2 + y^2 + z^2}} = -\frac{x}{r^3}$$

である。同様にして

$$\frac{\partial}{\partial y}\left(\frac{1}{r}\right) = -\frac{y}{r^3}, \quad \frac{\partial}{\partial z}\left(\frac{1}{r}\right) = -\frac{z}{r^3}$$

となるから

$$\mathrm{grad}\left(\frac{1}{r}\right) = -\frac{\boldsymbol{r}}{r^3}$$

である。

よって，例 1.12 の $\boldsymbol{E} = (1/4\pi\varepsilon_0)\cdot(Q/r^2)\cdot(\boldsymbol{r}/r)$ と $\varphi = (1/4\pi\varepsilon_0)\cdot(Q/r)$ の間に，$\boldsymbol{E} = -\mathrm{grad}\, \varphi$ が成り立つ。

---

微分演算子 $\nabla$ の著しい性質として，勾配，回転，発散の順に二度続けて作用させると 0 になるというものがある。すなわち，つぎの命題が成り立つ。

**命題 1.9**　$C^2$ 級スカラー場 $f$ と $C^2$ 級ベクトル場 $\boldsymbol{A}$ に対して

$$\mathrm{rot}\, \mathrm{grad}\, f = \boldsymbol{0}, \quad \mathrm{div}\, \mathrm{rot}\, \boldsymbol{A} = 0 \tag{1.29}$$

が成り立つ。

**証明**　直接計算による。$\mathrm{grad}\,f = (\partial f/\partial x, \partial f/\partial y, \partial f/\partial z)$ の回転の $x$ 成分を計算すると

$$\frac{\partial}{\partial y}\left(\frac{\partial f}{\partial z}\right) - \frac{\partial}{\partial z}\left(\frac{\partial f}{\partial y}\right) = 0$$

となる。ほかの成分も同様である。よって，$\mathrm{rot}\,\mathrm{grad}\,f = \mathbf{0}$ が成り立つ。

つぎに，$\mathrm{rot}\,\boldsymbol{A} = ((\partial A_3/\partial y) - (\partial A_2/\partial z), (\partial A_1/\partial z) - (\partial A_3/\partial x), (\partial A_2/\partial x) - (\partial A_1/\partial y))$ の発散を計算すると

$$\frac{\partial}{\partial x}\left(\frac{\partial A_3}{\partial y} - \frac{\partial A_2}{\partial z}\right) + \frac{\partial}{\partial y}\left(\frac{\partial A_1}{\partial z} - \frac{\partial A_3}{\partial x}\right) + \frac{\partial}{\partial z}\left(\frac{\partial A_2}{\partial x} - \frac{\partial A_1}{\partial y}\right) = 0$$

より，$\mathrm{div}\,\mathrm{rot}\,\boldsymbol{A} - 0$ が成り立つ。　□

$P = \mathbb{R}^3$ のときは，さらにその逆，すなわち，つぎの補題が成り立つ。

**補題 1.10**　$\mathbb{R}^3$ の至るところで $\mathrm{rot}\boldsymbol{A} = \mathbf{0}$ をみたす任意の $C^1$ 級ベクトル場 $\boldsymbol{A}$ に対して，$\boldsymbol{A} = \mathrm{grad}\,f$ をみたす $C^2$ 級スカラー場 $f$ が存在する。また，$\mathbb{R}^3$ の至るところで $\mathrm{div}\,\boldsymbol{B} = 0$ をみたす $C^1$ 級ベクトル場 $\boldsymbol{B}$ に対して，$\boldsymbol{B} = \mathrm{rot}\,\boldsymbol{A}$ をみたす $C^2$ 級ベクトル場 $\boldsymbol{A}$ が存在する。

**証明**　証明は省略する。　□

---

**例 1.14**　例 1.12 の $\boldsymbol{E} = (1/4\pi\varepsilon_0)\cdot(Q/r^2)\cdot(\boldsymbol{r}/r)$ に対して，$\boldsymbol{E} = -\mathrm{grad}\,\varphi$ をみたすスカラー場 $\varphi$ が存在する（例 1.13）から，$\mathrm{rot}\,\boldsymbol{E} = -\mathrm{rot}\,\mathrm{grad}\,\varphi = \mathbf{0}$ が成り立つ。

---

例 1.14 を一般化して，つぎの法則が成り立つ。

**法則 1.11**　クーロン電場 $\boldsymbol{E}$(1.24) は渦なしである。

$$\mathrm{rot}\,\boldsymbol{E} = \mathbf{0} \tag{1.30}$$

---

**例題 1.4**　つぎのスカラー場 $f$ の勾配を求めよ。また，その結果の回転を計算し，$\mathrm{rot}\,\mathrm{grad}\,f = \mathbf{0}$ が成り立っていることを確かめよ。

(1)　$f(\boldsymbol{r}) = r^2 = x^2 + y^2 + z^2$　　(2)　$f(\boldsymbol{r}) = x^3y^2z$

---

解答例　(1)　$\mathrm{grad}\,f = (2x, 2y, 2z)$ である。$\mathrm{rot}\,\mathrm{grad}\,f$ の $x$ 成分は $(\partial/\partial y)(2z) - (\partial/\partial z)(2y) = 0$，ほかの成分も同様に 0 に等しい。よって $\mathrm{rot}\,\mathrm{grad}\,f = \mathbf{0}$ が成り立っている。

(2)　$\mathrm{grad}\,f = (3x^2y^2z, 2x^3yz, x^3y^2)$ である。$\mathrm{rot}\,\mathrm{grad}\,f$ の $x$ 成分は

$$\frac{\partial}{\partial y}(x^3y^2) - \frac{\partial}{\partial z}(2x^3yz) = 2x^3y - 2x^3y = 0$$

同じく $y$ 成分は

$$\frac{\partial}{\partial z}(3x^2y^2z) - \frac{\partial}{\partial x}(x^3y^2) = 3x^2y^2 - 3x^2y^2 = 0$$

同じく $z$ 成分は

$$\frac{\partial}{\partial x}(2x^3yz) - \frac{\partial}{\partial y}(3x^2y^2z) = 6x^2yz - 6x^2yz = 0$$

よって，$\mathrm{rot}\,\mathrm{grad}\,f = \mathbf{0}$ が成り立っている。◆

**練習 1.4**　つぎのベクトル場 $\boldsymbol{A}$ の回転を求めよ。また，その結果の発散を計算し，$\mathrm{div}\,\mathrm{rot}\,\boldsymbol{A} = 0$ が成り立っていることを確かめよ。

(1)　$\boldsymbol{A}(\boldsymbol{r}) = (-z, 0, x)$　　(2)　$\boldsymbol{A}(\boldsymbol{r}) = (z^2, x^2, y^2)$

---

**例題 1.5**　つぎのベクトル解析の公式を証明せよ。ただし，$f$ は $C^1$ 級のスカラー場，$\boldsymbol{A}$ は $C^1$ 級（(2) では $C^2$ 級）の ベクトル場，また，(2) で $\Delta := \mathrm{div}\,\mathrm{grad} = (\partial^2/\partial x^2) + (\partial^2/\partial y^2) + (\partial^2/\partial z^2)$ とする。

(1)　$\mathrm{rot}\,(f\boldsymbol{A}) = f\mathrm{rot}\,\boldsymbol{A} + (\mathrm{grad}\,f) \times \boldsymbol{A}$

(2)　$\mathrm{rot}\,(\mathrm{rot}\,\boldsymbol{A}) = \mathrm{grad}\,(\mathrm{div}\,\boldsymbol{A}) - \Delta\boldsymbol{A}$

---

**証明**　(1)　$f\boldsymbol{A} = (fA_1, fA_2, fA_3)$ より

$$\begin{aligned}\mathrm{rot}\,(f\boldsymbol{A}) &= (\partial_y(fA_3) - \partial_z(fA_2), \partial_z(fA_1) - \partial_x(fA_3), \partial_x(fA_2) - \partial_y(fA_1)) \\ &= f\,(\partial_y A_3 - \partial_z A_2, \partial_z A_1 - \partial_x A_3, \partial_x A_2 - \partial_y A_1) \\ &\quad +((\partial_y f)A_3 - (\partial_z f)A_2, (\partial_z f)A_1 - (\partial_x f)A_3, (\partial_x f)A_2 - (\partial_y f)A_1)\end{aligned}$$

となる。ここで，第2の等式では積の微分法を用いた。第1項は $f\mathrm{rot}\,\boldsymbol{A}$，第2項は $(\mathrm{grad}\,f)\times\boldsymbol{A}$ に等しいから，$\mathrm{rot}\,(f\boldsymbol{A}) = f\mathrm{rot}\,\boldsymbol{A} + (\mathrm{grad}\,f)\times\boldsymbol{A}$ が成り立つ。

(2)　$\mathrm{rot}\,\boldsymbol{A} = (\partial_y A_3 - \partial_z A_2, \partial_z A_1 - \partial_x A_3, \partial_x A_2 - \partial_y A_1)$ より，$\mathrm{rot}\,(\mathrm{rot}\,\boldsymbol{A})$ の $x$ 成分は

$$\begin{aligned}(\mathrm{rot}\,(\mathrm{rot}\,\boldsymbol{A}))_x &= (A_2)_{xy} - (A_1)_{yy} - (A_1)_{zz} + (A_3)_{xz} \\ &= \partial_x((A_1)_x + (A_2)_y + (A_3)_z) - (\partial_{xx} + \partial_{yy} + \partial_{zz})(A_1) \\ &= \partial_x(\mathrm{div}\,\boldsymbol{A}) - \Delta(A_1)\end{aligned}$$

となる。ほかの成分も $\partial_x$ を $\partial_y$ や $\partial_z$，$A_1$ を $A_2$ や $A_3$ に変えた式が成り立つ。よって $\mathrm{rot}\,(\mathrm{rot}\,\boldsymbol{A}) = \mathrm{grad}\,(\mathrm{div}\,\boldsymbol{A}) - \Delta\boldsymbol{A}$ が得られる。　□

**練習 1.5**　つぎのベクトル解析の公式を証明せよ。ただし，$f$ は $C^1$ 級のスカラー場，$\boldsymbol{A}$ と $\boldsymbol{B}$ は $C^1$ 級のベクトル場とする。

(1)　$\mathrm{div}\,(f\boldsymbol{A}) = \boldsymbol{A}\cdot\mathrm{grad}\,f + f\,\mathrm{div}\,\boldsymbol{A}$

(2)　$\mathrm{div}\,(\boldsymbol{A}\times\boldsymbol{B}) = \boldsymbol{B}\cdot\mathrm{rot}\,\boldsymbol{A} - \boldsymbol{A}\cdot\mathrm{rot}\,\boldsymbol{B}$

## 1.5　曲面上の面積分とストークスの定理

本節では，$\mathbb{R}^3$ 内の**曲面上の面積分**に関する**ストークスの定理**について述べる。そこでまず，$\mathbb{R}^3$ 内の曲面（surface）とその接平面（tangent plane）について定義する。本書では簡単のため，曲面として方程式 $f(x,y,z)=0$ の形で定義される曲面とパラメータ付き曲面の二つを扱う。

---

**定義 1.14**　（**$C^n$ 級曲面**）　$C^n$ 級の3変数関数 $f(x,y,z)$ に対し，$f(x,y,z) = 0$ となる点全体の集合

$$S := \{(x,y,z)\in\mathbb{R}^3 | f(x,y,z)=0\}$$

を，$\mathbb{R}^3$ 内の $\boldsymbol{C^n}$ **級曲面**という。ただし，$S$ が空集合または孤立した点の集合である場合を除く。

---

**例 1.15**　$f(x,y,z) = x^2 + y^2 + z^2 - 1$ のとき，$f$ は $C^n$ 級関数であり $(n \in \mathbb{N})$，$f(x,y,z) = 0$ は原点を中心とする半径 1 の球面を表す。以下，これを単位球面と呼ぼう。

一方，$g(x,y,z) = x^2 + y^2 + z^2 + 1$ のとき，$g$ は $C^n$ 級関数であるが $(n \in \mathbb{N})$，$g(x,y,z) = 0$ をみたす点は存在しないので，$g(x,y,z) = 0$ は $\mathbb{R}^3$ 内の曲面を表してはいない。

---

**定義 1.15**　**（パラメータ付き曲面と接平面）**　$D$ を空でない $\mathbb{R}^2$ 内の領域とし，$D$ で定義された三つの $C^n$ 級関数 $x(u,v)$，$y(u,v)$，$z(u,v)$ があるとする。このとき

$$S := \{(x(u,v), y(u,v), z(u,v)) | (u,v) \in D\}$$

を $\mathbb{R}^3$ 内の $C^n$ 級**パラメータ付き曲面**（parametric surface）という。

また，曲面 $S$ 上の点 $(x,y,z)$ における 2 本の**偏導関数ベクトル** $\boldsymbol{r}_u := (\partial x/\partial u, \partial y/\partial u, \partial z/\partial u)$ と $\boldsymbol{r}_v := (\partial x/\partial v, \partial y/\partial v, \partial z/\partial v)$ が 1 次独立であるとき，言い換えると，$|\boldsymbol{r}_u \times \boldsymbol{r}_v| \neq 0$ が成り立っているとき，$\boldsymbol{r}_u$ と $\boldsymbol{r}_v$ により生成される平面を，$S$ 上の点 $(x,y,z)$ における**接平面**という。

---

**注意 1.7**　$S$ が有限個の $C^n$ 級パラメータ付き曲面の和であるとき，$S$ は区分的 $C^n$ 級のパラメータ付き曲面という。

---

**例 1.16**　$\mathbb{R}^3$ 内の単位球面 $S : x^2 + y^2 + z^2 = 1$ は，$D := \{(\theta, \varphi) | 0 \leqq \theta \leqq \pi, 0 \leqq \varphi \leqq 2\pi\}$ として

$$\boldsymbol{r} = (x, y, z) = (\sin\theta\cos\varphi, \sin\theta\sin\varphi, \cos\theta),\ (\theta, \varphi) \in D \quad (1.31)$$

と置くことにより，パラメータ付き曲面である。実際

$$x^2 + y^2 + z^2 = \sin^2\theta(\cos^2\varphi + \sin^2\varphi) + \cos^2\theta$$
$$= \sin^2\theta + \cos^2\theta = 1$$

となって，$x^2 + y^2 + z^2 = 1$ をみたすからである。

式 (1.31) で $\theta = 0$ と置くと，$\varphi$ の値によらず $S$ の「北極点」$(0, 0, 1)$ を表し，$\theta = \pi$ と置くと，$\varphi$ の値によらず $S$ の「南極点」$(0, 0, -1)$ を表す。

偏導関数ベクトルは $\boldsymbol{r}_\theta = (\cos\theta\cos\varphi, \cos\theta\sin\varphi, -\sin\theta)$，$\boldsymbol{r}_\varphi = (-\sin\theta\sin\varphi, \sin\theta\cos\varphi, 0)$ であり

$$\boldsymbol{r}_\theta \times \boldsymbol{r}_\varphi = (\sin^2\theta\cos\varphi, \sin^2\theta\sin\varphi, \sin\theta\cos\theta)$$
$$= \sin\theta(\sin\theta\cos\varphi, \sin\theta\sin\varphi, \cos\theta) = \boldsymbol{r}\sin\theta$$

より，$\theta \neq 0, \pi$ のとき，すなわち「両極点」以外のとき，$|\boldsymbol{r}_\theta \times \boldsymbol{r}_\varphi| = \sin\theta \neq 0$ である。

**図 1.10** において,「両極点」以外の点における接平面は，$\boldsymbol{r}_\theta$ と $\boldsymbol{r}_\varphi$ により生成される平面である。「両極点」についてはパラメータの取り方を変えて

$$\boldsymbol{r} = (x, y, z) = (\cos\theta, \sin\theta\cos\varphi, \sin\theta\sin\varphi)$$

として,「北極点」は $\theta = \varphi = \pi/2$,「南極点」は $\theta = \pi/2$，$\varphi = -\pi/2$ と置けばよいことがわかっている。また,「北極点」$(0, 0, 1)$ では $z = 1$ が,「南極点」$(0, 0, -1)$ では $z = -1$ が接平面になっている。

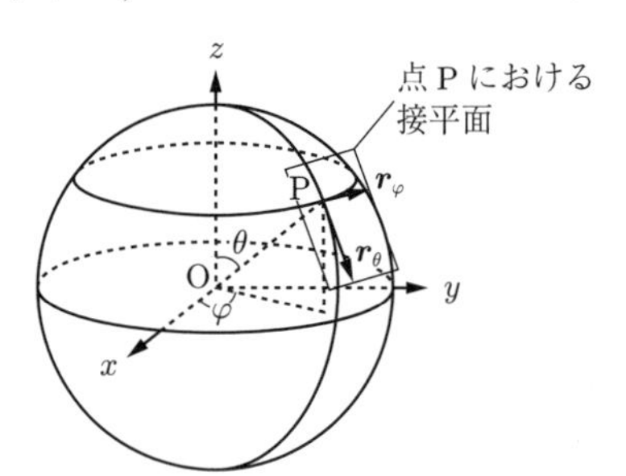


**図 1.10**　接平面の図

**命題 1.12**　$C^1$ 級の 3 変数関数 $f(x,y,z)$ に対し，$f(x,y,z)=0$ により $\mathbb{R}^3$ 内の $C^1$ 級曲面 $S$ を定義するとき，曲面 $S$ の任意の点でスカラー場 $f$ の勾配とその点における接平面は直交する。

証明　命題 1.6 の証明とほぼパラレルに証明できる。合成関数の微分公式により

$$\frac{\partial f}{\partial u}=\frac{\partial f}{\partial x}\frac{\partial x}{\partial u}+\frac{\partial f}{\partial y}\frac{\partial y}{\partial u}+\frac{\partial f}{\partial z}\frac{\partial z}{\partial u} \tag{1.32 a}$$

$$\frac{\partial f}{\partial v}=\frac{\partial f}{\partial x}\frac{\partial x}{\partial v}+\frac{\partial f}{\partial y}\frac{\partial y}{\partial v}+\frac{\partial f}{\partial z}\frac{\partial z}{\partial v} \tag{1.32 b}$$

が成り立つ。曲面 $S$ 上ではつねに $f(x,y,z)=0$ が成り立つから，式 (1.32 a) と式 (1.32 b) の左辺は 0 に等しい。一方，式 (1.32 a) と式 (1.32 b) の右辺はそれぞれ $\mathrm{grad}\, f$ と $\boldsymbol{r}_u$，$\boldsymbol{r}_v$ の内積を表す。よって，題意は示された。 □

**定義 1.16**　**（向き付け可能な曲面）**　定義 1.15 で，曲面 $S$ の各点において，接平面に直交する長さ 1 のベクトル $\boldsymbol{n}$ を**単位法ベクトル**という。また，これを $S$ の各点から $\mathbb{R}^3$ への写像とみて，$\boldsymbol{n}$ を**単位法ベクトル場**ともいう。$\mathbb{R}^3$ 内の曲面 $S$ 上で連続な単位法ベクトル場 $\boldsymbol{n}$ が存在するとき，$S$ は**向き付け可能な曲面**（orientable surface）という。

**例 1.17**　$\mathbb{R}^3$ 内の単位球面 $S: x^2+y^2+z^2=1$ は，向き付け可能な曲面である。実際，$\boldsymbol{n}=(\sin\theta\cos\varphi,\sin\theta\sin\varphi,\cos\theta)$ が例 1.16 で求めた二つの偏導関数ベクトル $\boldsymbol{r}_\theta$ と $\boldsymbol{r}_\varphi$ に直交する単位ベクトルであり，かつ連続であることも明らかだからである。

つぎに $\mathbb{R}^3$ 内のベクトル場の面積分（surface integral）を定義する。

**定義 1.17**　**（ベクトル場の面積分）**　$D$ を平面上の領域とし，$S:=\{\boldsymbol{r}(u,v)=(x(u,v),y(u,v),z(u,v))|(u,v)\in D\}$ を向き付け可能な $C^1$ 級パラメー

タ付き曲面とする。2 本の偏導関数ベクトル $\boldsymbol{r}_u$ と $\boldsymbol{r}_v$ を用いて

$$dS := |\boldsymbol{r}_u \times \boldsymbol{r}_v|\, dudv \tag{1.33}$$

により**面積要素** $dS$ を定義する。また，$\boldsymbol{A}$ を曲面 $S$ 上の連続なベクトル場，$\boldsymbol{n}$ を単位法ベクトル場として

$$\int\!\!\int_S \boldsymbol{A} \cdot \boldsymbol{n}\, dS \tag{1.34}$$

により**ベクトル場 $\boldsymbol{A}$ の面積分**を定義する。

---

**例題 1.6**　$\mathbb{R}^3$ 内の単位球面 $S$ 上で，ベクトル場 $\boldsymbol{A}(\boldsymbol{r}) = \boldsymbol{r}/r^3$ を面積分せよ。

---

**解答例**　例 1.16 より，$|\boldsymbol{r}_\theta \times \boldsymbol{r}_\varphi| = \sin\theta$ であるから

$$dS = \sin\theta\, d\theta\, d\varphi \tag{1.35}$$

である。また，$S$ 上では $r = 1$ であるから

$$\int\!\!\int_S \boldsymbol{A} \cdot \boldsymbol{n}\, dS = \int\!\!\int_S 1\, dS = \int_0^\pi \sin\theta\, d\theta \int_0^{2\pi} d\varphi = 4\pi$$

を得る。これは，半径 1 の球面の表面積に等しい。◆

**練習 1.6**　定義 1.17 において，必要ならば $u$ と $v$ の役割を入れ替えることにより

$$\int\!\!\int_S \boldsymbol{A} \cdot \boldsymbol{n}\, dS = \int\!\!\int_D \boldsymbol{A} \cdot (\boldsymbol{r}_u \times \boldsymbol{r}_v)\, dudv$$

が成り立つことを示せ。

つぎに，閉曲線の向きについて定義する。

---

**定義 1.18（閉曲線の向き II）**　$S$ を $\mathbb{R}^3$ 内の向き付け可能な $C^1$ 級曲面，$C$ を $S$ の境界とする。曲面 $S$ の連続な単位法ベクトル場 $\boldsymbol{n}$ を一つとり，これを正の向きと呼ぶ。閉曲線 $C$ の各点において，その接平面上にあって曲面 $S$ の外側に向かう単位法ベクトルを $\boldsymbol{n}'$ とすると，$\boldsymbol{n}$ と $\boldsymbol{n}'$ は直交してい

る。閉曲線 $C$ の各点において，$\boldsymbol{n} \times \boldsymbol{n}'$ と同じ向きの $C$ の接ベクトルの向きを $C$ の正の向きという。

**例 1.18** 曲面 $S$ を単位球面の「赤道を含む北半球」，すなわち $z \geqq 0$ の部分とする。曲面 $S$ の境界 $C$ は「赤道」，すなわち $x^2 + y^2 = 1$，$z = 0$ で表される曲線である。**図 1.11** で，曲面 $S$ 上の点 P における単位法ベクトル場を球面の外向きに図の $\boldsymbol{n}$ のようにとる。点 P の接平面上で曲面 $S$ の外側に向かう単位法ベクトルは，図の $\boldsymbol{n}'$ のようにとれる。よって，閉曲線 $C$ の点 P における向きは $\boldsymbol{n} \times \boldsymbol{n}'$，すなわち $S$ を進行方向左側に見て進む向きに一致する。

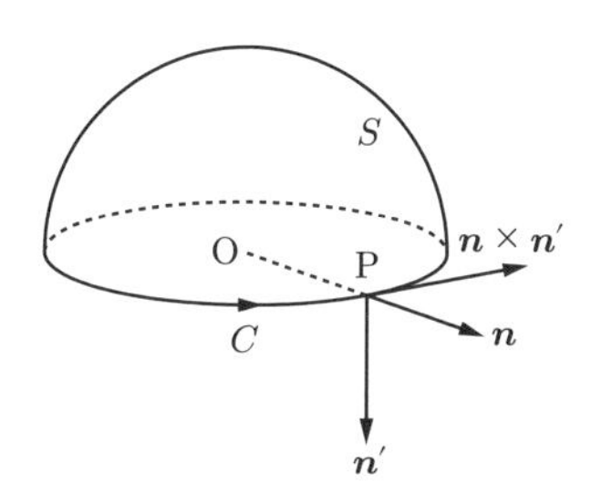


**図 1.11** 閉曲線の向きの例

$xy$ 平面上のグリーンの定理（定理 1.7）を $\mathbb{R}^3$ 内の向き付け可能な曲面 $S$ 上に拡張したものが，つぎの**ストークスの定理**（Stokes' theorem）である。

**定理 1.13** （**ストークスの定理**） $S \subset \mathbb{R}^3$ を区分的 $C^1$ 級の閉曲線 $C$ を境界とする向き付け可能な $C^2$ 級パラメータ付き曲面とし，$\boldsymbol{n}$ を $S$ 上の外向きの単位法ベクトル場，$d\boldsymbol{r}$ を $C$ における正の向きの**接ベクトル**とする。このとき，$C^1$ 級ベクトル場 $\boldsymbol{A}$ に対して

$$\iint_S (\mathrm{rot}\, \boldsymbol{A}) \cdot \boldsymbol{n}\, dS = \oint_C \boldsymbol{A} \cdot d\boldsymbol{r} \tag{1.36}$$

が成り立つ。ここで右辺は閉曲線 $C$ の正の向きに沿った線積分を表す。

**証明**　練習 1.6 の結果を用いると，曲面のパラメータ $(u,v)$ をうまくとれば

$$\int\!\!\int_S (\mathrm{rot}\,\boldsymbol{A})\cdot\boldsymbol{n}\,dS = \int\!\!\int_D (\mathrm{rot}\,\boldsymbol{A})\cdot(\boldsymbol{r}_u\times\boldsymbol{r}_v)\,dudv \tag{1.37}$$

が成り立つ。ここで，$D$ はパラメータ $(u,v)$ の動く領域である。定義により

$$\begin{aligned}(\mathrm{rot}\,\boldsymbol{A})\cdot(\boldsymbol{r}_u\times\boldsymbol{r}_v) &= \left(\frac{\partial A_3}{\partial y}-\frac{\partial A_2}{\partial z}\right)\left(\frac{\partial y}{\partial u}\frac{\partial z}{\partial v}-\frac{\partial z}{\partial u}\frac{\partial y}{\partial v}\right)\\ &\quad+\left(\frac{\partial A_1}{\partial z}-\frac{\partial A_3}{\partial x}\right)\left(\frac{\partial z}{\partial u}\frac{\partial x}{\partial v}-\frac{\partial x}{\partial u}\frac{\partial z}{\partial v}\right)\\ &\quad+\left(\frac{\partial A_2}{\partial x}-\frac{\partial A_1}{\partial y}\right)\left(\frac{\partial x}{\partial u}\frac{\partial y}{\partial v}-\frac{\partial y}{\partial u}\frac{\partial x}{\partial v}\right)\end{aligned} \tag{1.38}$$

となる。$(u,v)$ 平面 $D$ 上で定義されたベクトル場

$$\boldsymbol{B}(u,v)=(B_u,B_v),\quad B_i=\boldsymbol{A}(\boldsymbol{r}(u,v))\cdot\boldsymbol{r}_i\quad(i=u,v)$$

に対し，$(u,v)$ 平面上の回転を計算すると

$$\begin{aligned}\mathrm{rot}\,\boldsymbol{B} &:= \frac{\partial B_v}{\partial u}-\frac{\partial B_u}{\partial v}=\frac{\partial\boldsymbol{A}}{\partial u}\cdot\boldsymbol{r}_v-\frac{\partial\boldsymbol{A}}{\partial v}\cdot\boldsymbol{r}_u\\ &=\sum_{j=1}^{3}\left(\frac{\partial A_j}{\partial x}\frac{\partial x}{\partial u}+\frac{\partial A_j}{\partial y}\frac{\partial y}{\partial u}+\frac{\partial A_j}{\partial z}\frac{\partial z}{\partial u}\right)\frac{\partial x_j}{\partial v}\\ &\qquad-\left(\frac{\partial A_j}{\partial x}\frac{\partial x}{\partial v}+\frac{\partial A_j}{\partial y}\frac{\partial y}{\partial v}+\frac{\partial A_j}{\partial z}\frac{\partial z}{\partial v}\right)\frac{\partial x_j}{\partial u}\end{aligned}$$

となる。ここで，$(x_1,x_2,x_3)=(x,y,z)$ である。少し大変だがこれを整理すると，式 (1.38) の右辺に等しいことがわかる。つまり

$$(\mathrm{rot}\,\boldsymbol{A})\cdot(\boldsymbol{r}_u\times\boldsymbol{r}_v)=\mathrm{rot}\,\boldsymbol{B} \tag{1.39}$$

が成り立つ。よって，$(u,v)$ 平面上のグリーンの定理（定理 1.7）より

$$\begin{aligned}\int\!\!\int_D (\mathrm{rot}\,\boldsymbol{A})\cdot(\boldsymbol{r}_u\times\boldsymbol{r}_v)\,dudv &= \int\!\!\int_D \mathrm{rot}\,\boldsymbol{B}\,dudv\\ &=\oint_{\partial D}(B_u\,du+B_v\,dv)\end{aligned} \tag{1.40}$$

となる。ここで，$\partial D$ は $(u,v)$ 平面上の $D$ の境界を表す。さらに，合成関数の微分法より

$$\begin{aligned}B_u\,du+B_v\,dv &= \boldsymbol{A}(\boldsymbol{r}(u,v))\cdot\boldsymbol{r}_u\,du+\boldsymbol{A}(\boldsymbol{r}(u,v))\cdot\boldsymbol{r}_v\,dv\\ &=\boldsymbol{A}\cdot d\boldsymbol{r}\end{aligned} \tag{1.41}$$

が成り立つ。よって，式 (1.37)，式 (1.39)〜式 (1.41)，および $\boldsymbol{r}(\partial D) = C$（$C$ は曲面 $S$ の境界）より，式 (1.36) を得る。　□

**注意 1.8**　$S$ が $xy$ 平面上の曲面のとき，$\boldsymbol{n} = (0, 0, 1)$，$dS = dxdy$ となるから，式 (1.36) はグリーンの定理に帰着され成り立つ。つまり，グリーンの定理はストークスの定理の特別な場合と見なせる。

---

**例題 1.7**　$S$ を単位球面の「赤道を含む北半球」，すなわち $z \geqq 0$ の部分として，$\boldsymbol{A}(x, y, z) = (-y, x, 0)$ のとき，定理 1.13 が成り立つことを示せ。

---

**証明**　$S$ の境界 $C$ は $xy$ 平面上における原点を中心とする半径 1 の円周（$x^2 + y^2 = 1$，$z = 0$）である。例題 1.3 とまったく同様にして，式 (1.36) の右辺は

$$\int_C \boldsymbol{A} \cdot d\boldsymbol{r} = \int_0^{2\pi} \boldsymbol{A}(\boldsymbol{r}(t)) \cdot \frac{d\boldsymbol{r}}{dt} dt = \int_0^{2\pi} dt = 2\pi \tag{1.42}$$

である。一方，$\mathrm{rot}\,\boldsymbol{A} = (0, 0, 2)$，$\boldsymbol{n} = (\sin\theta\cos\varphi, \sin\theta\sin\varphi, \cos\theta)$ より

$$\mathrm{rot}\,\boldsymbol{A} \cdot \boldsymbol{n} = 2\cos\theta$$

である。式 (1.35) より，式 (1.36) の左辺は

$$\begin{aligned}\int\!\!\int_S \mathrm{rot}\,\boldsymbol{A} \cdot \boldsymbol{n}\, dS &= \int_0^{\pi/2} 2\sin\theta\,\cos\theta\, d\theta \int_0^{2\pi} d\varphi \\ &= 2\pi \int_0^{\pi/2} \sin 2\theta\, d\theta = 2\pi \left[ -\frac{\cos 2\theta}{2} \right]_0^{\pi/2} = 2\pi\end{aligned} \tag{1.43}$$

である。式 (1.42) と式 (1.43) によりこの場合，定理 1.13 が成り立つ。　□

**練習 1.7**　法則 1.11 に従う電場 $\boldsymbol{E}(\boldsymbol{r})$ が与えられたとき

$$\varphi = -\int_{\mathrm{O}}^{\mathrm{P}} \boldsymbol{E}(\boldsymbol{r}) \cdot d\boldsymbol{r} \tag{1.44}$$

と置くと，$\varphi$ の値は始点 O と終点 P のみによって，その経路にはよらないことを示せ。

**注意 1.9**　式 (1.44) で定義された $\varphi(\mathrm{P})$ は位置のみのスカラー値関数となるので，$\varphi(\mathrm{P})$ を電場 $\boldsymbol{E}(\boldsymbol{r})$ のスカラーポテンシャル (scalar potential) と名付けよう。

点 $\boldsymbol{r}$ と点 $\boldsymbol{r}+\Delta\boldsymbol{r}$ におけるスカラーポテンシャルの差は

$$\varphi(\boldsymbol{r}+\Delta\boldsymbol{r})-\varphi(\boldsymbol{r})=-\boldsymbol{E}(\boldsymbol{r})\cdot\Delta\boldsymbol{r}+o(|\Delta\boldsymbol{r}|) \tag{1.45}$$

となる†。一方，式 (1.45) の左辺は

$$\varphi(\boldsymbol{r}+\Delta\boldsymbol{r})-\varphi(\boldsymbol{r})=\operatorname{grad}\varphi(\boldsymbol{r})\cdot\Delta\boldsymbol{r}+o(|\Delta\boldsymbol{r}|) \tag{1.46}$$

に等しい。よって，式 (1.45) と式 (1.46) で $\Delta\boldsymbol{r}\to\boldsymbol{0}$ の極限をとると

$$\boldsymbol{E}(\boldsymbol{r})=-\operatorname{grad}\varphi(\boldsymbol{r}) \tag{1.47}$$

が成り立つ。

スカラーポテンシャル $\varphi$ が一定の値をとる点の集合は，一般に $\mathbb{R}^3$ 内の曲面である。これを**等ポテンシャル面**という。命題 1.12 と式 (1.47) より，等ポテンシャル面と電場 $\boldsymbol{E}$ は直交する。

## 1.6　体積積分とガウスの定理

本節では，$\mathbb{R}^3$ 内の**体積領域上の積分**に関する**ガウスの定理**（Gauss' divergence theorem）について述べる。そこでまず，$\mathbb{R}^3$ 内の体積領域上の積分について定義する。

---

**定義 1.19** （**体積領域上の積分**）　直方体領域 $V=[a,b]\times[c,d]\times[e,g]$ 上で定義される 3 変数関数 $f(x,y,z)$ の $V$ 上の積分をつぎのように定義する。区間 $[a,b]$，$[c,d]$，$[e,g]$ をそれぞれ $n$，$m$，$l$ 等分する分割

$$a=x_0<x_1<\cdots<x_{n-1}<x_n=b,\quad x_i=a+i\Delta x,\quad \Delta x=\frac{b-a}{n}$$

$$c=y_0<y_1<\cdots<y_{m-1}<y_m=d,\quad y_j=c+j\Delta y,\quad \Delta y=\frac{d-c}{m}$$

$$e=z_0<z_1<\cdots<z_{l-1}<z_l=g,\quad z_k=e+k\Delta z,\quad \Delta z=\frac{g-e}{l}$$

を $\Delta$ とし，$V_{ijk}=[x_{i-1},x_i]\times[y_{j-1},y_j]\times[z_{k-1},z_k]$ と置く。関数 $f(x,y,z)$

† $o(|\Delta\boldsymbol{r}|)$ はランダウの記号である。巻頭の本書で用いる記号 (5) 参照。

の $V_{ijk}$ における最大値を $M_{ijk}$，最小値を $m_{ijk}$ とするとき

$$S_{nml}(f) := \sum_{i=1}^{n}\sum_{j=1}^{m}\sum_{k=1}^{l} M_{ijk}\Delta x\Delta y\Delta z$$

$$s_{nml}(f) := \sum_{i=1}^{n}\sum_{j=1}^{m}\sum_{k=1}^{l} m_{ijk}\Delta x\Delta y\Delta z$$

をそれぞれ，$f$ の $V$ の分割 $\Delta$ に対する過剰和，不足和という。過剰和，不足和が同じ値に収束するとき，すなわち

$$\lim_{n,m,l\to\infty} S_{nml}(f) = \lim_{n,m,l\to\infty} s_{nml}(f) = J$$

が成り立つとき，関数 $f$ は $V$ 上可積分であるという。また，この極限値 $J$ を $f$ の $V$ 上での**体積積分**（volume integral）といい，つぎのように記す。

$$J = \int\int\int_V f(x,y,z)dxdydz = \int_a^b dx\int_c^d dy\int_e^g dz f(x,y,z)$$

---

**注意 1.10**　定義 1.19 は一般の体積領域 $V$ に対しても拡張できる。

**定理 1.14**（**累次積分**）　3 変数関数 $f$ が直方体領域 $V=[a,b]\times[c,d]\times[e,g]$ で連続であるとき，$V$ 上の積分はつぎの累次積分に等しい。

$$\begin{aligned}\int\int\int_V f(x,y,z)dxdydz &= \int_c^d dy\left(\int_e^g dz\left(\int_a^b f(x,y,z)dx\right)\right)\\ &= \int_a^b dx\left(\int_e^g dz\left(\int_c^d f(x,y,z)dy\right)\right)\\ &= \int_a^b dx\left(\int_c^d dy\left(\int_e^g f(x,y,z)dz\right)\right)\end{aligned}$$

**注意 1.11**　一般の有界領域でも，累次積分の形に直すことができる。

---

**例 1.19**　$V=[0,1]\times[0,1]\times[0,1]$，$f(x,y,z)=xy^2z^3$ に対して

$$\iiint_V f(x,y,z)dxdydz = \int_0^1 xdx \int_0^1 y^2dy \int_0^1 z^3dz$$
$$= \left[\frac{x^2}{2}\right]_0^1 \left[\frac{y^3}{3}\right]_0^1 \left[\frac{z^4}{4}\right]_0^1 = \frac{1}{2}\frac{1}{3}\frac{1}{4} = \frac{1}{24}$$

である。

---

以上の準備のもとで，**ガウスの定理**を述べる。

**定理 1.15** （**ガウスの定理**）　$V \subset \mathbb{R}^3$ を区分的 $C^1$ 級の閉曲面 $S$ で囲まれた有界領域とし，$\boldsymbol{n}$ を $S$ 上の外向きの単位法線ベクトル，$\boldsymbol{A}$ を $C^1$ 級ベクトル場とするとき

$$\iiint_V \mathrm{div}\,\boldsymbol{A}\,dxdydz = \iint_S \boldsymbol{A}\cdot\boldsymbol{n}\,dS \tag{1.48}$$

が成り立つ。

**証明**　まず，$V$ が $xy$ 平面，$xz$ 平面，$yz$ 平面に平行な直方体 $[a,b]\times[c,d]\times[e,g]$ の場合を示す（**図 1.12**）。直方体の 8 頂点はそれぞれ，$\mathrm{A}(a,c,e)$，$\mathrm{B}(b,c,e)$，$\mathrm{C}(b,d,e)$，$\mathrm{D}(a,d,e)$，$\mathrm{E}(a,c,g)$，$\mathrm{F}(b,c,g)$，$\mathrm{G}(b,d,g)$，$\mathrm{H}(a,d,g)$ である。$V$ の境界 $S$ は六つの長方形 $S_1=$ABCD，$S_2=$ABFE，$S_3=$BCGF，$S_4=$ADHE，$S_5=$CDHG，$S_6=$EFGH からなるが，式 (1.48) の右辺は

$$\iint_S \boldsymbol{A}\cdot\boldsymbol{n}\,dS = \sum_{i=1}^{6}\iint_{S_i} \boldsymbol{A}\cdot\boldsymbol{n}\,dS \tag{1.49}$$

である。一方

$$\int_a^b dx\int_c^d dy\int_e^g \left(\frac{\partial A_3}{\partial z}\right)dz = \int_a^b dx\int_c^d dy(A_3(x,y,g)-A_3(x,y,e))$$
$$= \int_{S_6} \boldsymbol{A}\cdot\boldsymbol{n}\,dS + \int_{S_1} \boldsymbol{A}\cdot\boldsymbol{n}\,dS \tag{1.50}$$

が成り立つ。ここで，$S_6$ と $S_1$ ではそれぞれ $d\boldsymbol{n}=(0,0,\pm1)$，$dS=dxdy$ であることを用いた。同様にして

$$\int_e^g dz\int_c^d dy\int_a^b \left(\frac{\partial A_1}{\partial x}\right)dx = \int_{S_3} \boldsymbol{A}\cdot\boldsymbol{n}\,dS + \int_{S_4} \boldsymbol{A}\cdot\boldsymbol{n}\,dS \tag{1.51}$$

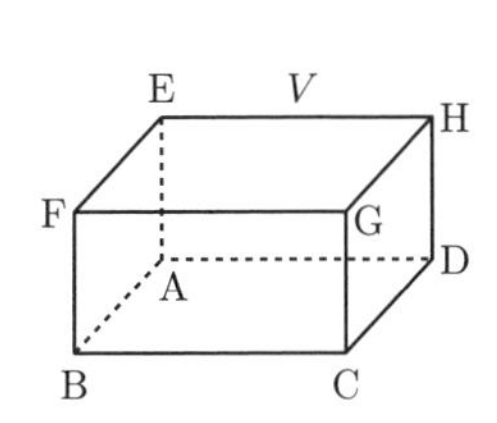


**図 1.12**　$V$ が直方体の場合

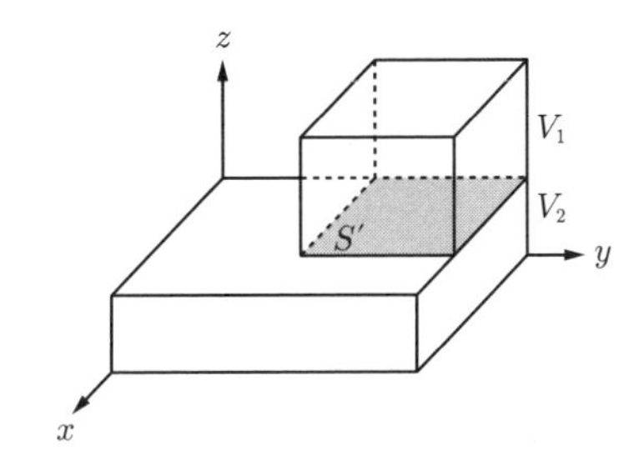


**図 1.13**　$V = V_1 + V_2$ の場合

$$\int_e^g dz \int_a^b dx \int_c^d \left(\frac{\partial A_2}{\partial y}\right) dy = \int_{S_5} \boldsymbol{A} \cdot \boldsymbol{n}\, dS + \int_{S_2} \boldsymbol{A} \cdot \boldsymbol{n}\, dS \qquad (1.52)$$

が成り立つ。よって，式 (1.49)〜式 (1.52) より，$V =$ 直方体 ABCDEFGH のとき，式 (1.48) が成り立つ。

つぎに，$V$ が**図 1.13** のような二つの直方体 $V_1$，$V_2$ に分割できるとき，それぞれに対しガウスの定理を適用すると，左辺の和は $V_1$ と $V_2$ を合わせた領域 $V$ における体積積分に，右辺は内部の面 $S'$ 上の積分がたがいに打ち消すため，結局 $V$ の境界面 $S$ 上の面積分となる。なぜなら，面 $S'$ が $V_1$ の境界面としてなら単位法ベクトルは $\boldsymbol{n} = (0, 0, -1)$ となり，$V_2$ の境界面としてなら単位法ベクトルは $\boldsymbol{n} = (0, 0, 1)$ となるからである。よってこの場合もガウスの定理が成り立つ。

$V$ が三つ以上の直方体に分割できる場合も同様である。各直方体に対してガウスの定理を適用すると，左辺の和は直方体の合併である領域 $V$ における体積積分に，右辺は内部の面上の積分がすべて打ち消し合って $V$ の境界面 $S$ 上の面積分になるからである。

$V$ が一般の有界領域の場合は，$V$ を微小直方体に分割してそれらを足しあげればよい。　□

---

**例 1.20**　原点 O に電荷 $Q$ があるとし，境界面 $S$ を原点を中心とする半径 $a$ の球面であるとする。電荷 $Q$ がつくる電場は式 (1.24) で与えられ，球面 $S$ 上では $r = a$，$\boldsymbol{n} = \boldsymbol{r}/|\boldsymbol{r}| = \boldsymbol{r}/a$ であるから

$$\boldsymbol{E} \cdot \boldsymbol{n} = \frac{1}{4\pi\varepsilon_0} \frac{Q}{a^2} \frac{\boldsymbol{r}}{a} \cdot \frac{\boldsymbol{r}}{a} = \frac{1}{4\pi\varepsilon_0} \frac{Q}{a^2}$$

となる。よって

$$\int\!\!\int_S \boldsymbol{E}\cdot\boldsymbol{n}\,dS = \frac{1}{4\pi\varepsilon_0}\frac{Q}{a^2}\int\!\!\int_S dS = \frac{Q}{\varepsilon_0}$$

が成り立つ。ここで，最後の等式で半径 $a$ の球面の表面積が $4\pi a^2$ であることを用いた。

---

例 1.20 を一般化して，つぎの法則が成り立つ。

**法則 1.16**　（**ガウスの法則**（Gauss' law））　任意の空間領域 $V$ とその境界面 $S$ に対して，電場 $\boldsymbol{E}$ を $S$ 上面積分したものは，$V$ 中の総電荷量 $Q$ を真空の誘電率 $\varepsilon_0$ で割ったものに等しい。

$$\int\!\!\int_S \boldsymbol{E}\cdot\boldsymbol{n}\,dS = \frac{Q}{\varepsilon_0} \tag{1.53}$$

ガウスの法則にガウスの定理を適用して得られる補題として，つぎの**ガウスの法則の微分形**がある。

**法則 1.17**　（**ガウスの法則の微分形**）　真空中の電場 $\boldsymbol{E}$ の発散は，その点における電荷密度 $\rho$ を真空の誘電率 $\varepsilon_0$ で割ったものに等しい。

$$\mathrm{div}\,\boldsymbol{E} = \frac{\rho}{\varepsilon_0} \tag{1.54}$$

**証明**　法則 1.17 は法則 1.16 の系である。ガウスの定理 1.15 により，式 (1.53) の左辺は

$$\int\!\!\int_S \boldsymbol{E}\cdot\boldsymbol{n}\,dS = \int\!\!\int\!\!\int_V \mathrm{div}\,\boldsymbol{E}\,dxdydz$$

であり，一方，右辺は電荷密度の定義†により

$$\frac{Q}{\varepsilon_0} = \frac{1}{\varepsilon_0}\int\!\!\int\!\!\int_V \rho\,dxdydz$$

† 後述の例 1.21 の式 (1.60) 参照

である。式 (1.53) が任意の領域 $V$ で成り立つことから，式 (1.54) が従う。 □

---

**例題 1.8** $V$ を原点を中心とする半径 $a$ の球面およびその内部，したがって境界面 $S$ を原点を中心とする半径 $a$ の球面，ベクトル場 $\boldsymbol{A}(x, y, z) = (x, y, z)$ とする。このときガウスの定理（定理 1.15）が成り立つことを示せ。

---

証明 $\mathrm{div}\,\boldsymbol{A} = 3$ より

$$\iiint_V \mathrm{div}\,\boldsymbol{A}\,dxdydz = 3\iiint_V dxdydz = 4\pi a^3 \tag{1.55}$$

が成り立つ。ここで，$V$ の体積が $(4/3)\pi a^3$ であることを用いた。

一方，$\boldsymbol{n} = (x, y, z)/a$ より，$\boldsymbol{A}\cdot\boldsymbol{n} = a$ である。よって

$$\iint_S \boldsymbol{A}\cdot\boldsymbol{n}\,dS = a\iint_S dS = 4\pi a^3 \tag{1.56}$$

が成り立つ。ここで，$S$ の表面積が $4\pi a^2$ であることを用いた。

式 (1.55)，式 (1.56) よりこの場合，定理 1.15 が成り立つ。 □

**練習 1.8** $S$ が閉曲面の場合にストークスの定理（定理 1.13）について考えよう。このとき，$S$ の境界 $C$ は存在しないから，式 (1.36) の右辺は 0 と見なされる。よって $S$ が閉曲面のとき，ストークスの定理より

$$\iint_S (\mathrm{rot}\,\boldsymbol{A})\cdot\boldsymbol{n}\,dS = 0 \tag{1.57}$$

が成り立つはずである。関係式 (1.57) をガウスの定理 1.15 を用いて証明せよ。

---

**例 1.21** 電流とは電荷をもった粒子の流れであり，その大きさは単位時間にある断面を通過する電気量である。単位面積当りの電流量を**電流密度**という。すなわち，断面 $S$ を通過する電流量は電流密度を面積分したものである。電流密度は大きさだけでなく向きをもつからベクトル場 $\boldsymbol{j}(\boldsymbol{r})$ で表される。断面 $S$ の微少面積要素 $dS$ の単位法ベクトル場を $\boldsymbol{n}$ とすると，断面 $S$ を通過する全電流量 $I$ はつぎの式で与えられる。

$$I = \iint_S (\boldsymbol{j}\cdot\boldsymbol{n})\,dS \tag{1.58}$$

つぎに，閉曲面 $S$ を境界とする体積領域 $V$ を考える。このとき，式 (1.58) の右辺は，単位時間当りに断面 $S$ を（$V$ の内側から外側に）通過する電荷量である。これは明らかに，体積領域 $V$ に存在する全電荷量の単位時間当りの減少率に等しい。電荷はひとりでに発生したり消滅したりすることはないからである。すなわち

$$I = -\frac{dQ}{dt} \tag{1.59}$$

が成り立つ。これを**電荷の保存**という。

ところで，体積領域 $V$ における全電荷量 $Q$ は電荷密度 $\rho$ を体積積分したもの，すなわち

$$Q = \int\int\int_V \rho\, dxdydz \tag{1.60}$$

と表されるから，式 (1.58) と式 (1.59) により

$$\int\int_S (\boldsymbol{j}\cdot\boldsymbol{n})\, dS = I = -\frac{dQ}{dt} = -\int\int\int_V \frac{\partial\rho}{\partial t}\, dxdydz$$

これはつぎの**連続の方程式**を意味する。

$$\int\int_S (\boldsymbol{j}\cdot\boldsymbol{n})\, dS + \int\int\int_V \frac{\partial\rho}{\partial t}\, dxdydz = 0 \tag{1.61}$$

式 (1.61) の左辺第 1 項にガウスの定理を適用すると

$$\int\int_S (\boldsymbol{j}\cdot\boldsymbol{n})\, dS = \int\int\int_V \mathrm{div}\,\boldsymbol{j}\, dxdydz \tag{1.62}$$

となる。式 (1.62) と式 (1.61) により，つぎが成り立つ。

$$\int\int\int_V \left(\mathrm{div}\,\boldsymbol{j} + \frac{\partial\rho}{\partial t}\right) dxdydz = 0 \tag{1.63}$$

---

式 (1.63) が任意の体積領域 $V$ で成り立つから，各点においてつぎの**連続の方程式の微分形**が成り立つ。

**法則 1.18** （**連続の方程式の微分形**）　電荷密度を $\rho$，電流密度を $\boldsymbol{j}$ とする

とき，つぎの関係式が成り立つ。

$$\operatorname{div}\boldsymbol{j} + \frac{\partial \rho}{\partial t} = 0 \tag{1.64}$$

## 1.7 電磁気学への応用

微分積分学がニュートン力学とともに発展したように，ベクトル解析も電磁気学とともに発展してきた。本節では電磁気学を，**マクスウェルの方程式**（Maxwell's equations）まで系統的に学ぶことにより，ベクトル解析に関する理解を深めることを目的とする。

さて，物理学における電磁気学は，おおよそつぎの四つが柱である。

(1) 電荷はそのまわりの空間に電場をつくる（**クーロンの法則**）。

(2) 電流はそのまわりの空間に磁場をつくる（**ビオ・サヴァールの法則**）。

(3) 電流は磁場から力を受ける（**ローレンツ力**）。

(4) 電気回路を貫く磁束が時間変化すると起電力が生じる（**電磁誘導の法則**）。

このうち (1) については法則 1.8，法則 1.11，法則 1.16，法則 1.17，法則 1.18 などですでに述べた。本節では (2) 以降の項目について順にふれていく。

### 1.7.1 電 流 と 磁 場

電流が流れると，そのまわりに磁場ができることが知られている。

**法則 1.19** （**ビオ・サヴァールの法則**（Biot-Savart's law）） 定常電流 $\boldsymbol{j}(\boldsymbol{r}')$ が点 $\boldsymbol{r} = \overrightarrow{\mathrm{OP}}$ につくる**磁場**（magnetic field）$\boldsymbol{B}$ は，つぎの式で与えられる。

$$\begin{cases} \boldsymbol{B}(\boldsymbol{r}) = k' \displaystyle\iiint_V \frac{\boldsymbol{j}(\boldsymbol{r}') \times (\boldsymbol{r} - \boldsymbol{r}')}{|\boldsymbol{r} - \boldsymbol{r}'|^3} dx'dy'dz' \\ k' = \dfrac{\mu_0}{4\pi} = 10^{-7}\,\mathrm{kg{\cdot}m/C^2} \end{cases} \tag{1.65}$$

ここで $\mu_0$ は真空の透磁率である。磁場 $\boldsymbol{B}$ を**磁束密度**ともいう。

**注意 1.12**　式 (1.22) 中の定数 $k$ と式 (1.65) 中の定数 $k'$ の比をとると

$$\frac{k}{k'} = \frac{1}{\varepsilon_0\mu_0} = \frac{9.0\times10^9\,\mathrm{N{\cdot}m^2/C^2}}{10^{-7}\,\mathrm{kg{\cdot}m/C^2}} = (3.0\times10^8\,\mathrm{m/sec})^2$$

となる。ここで，$\mathrm{N=kg{\cdot}m/sec^2}$ であることを用いた。また，$c = 1/\sqrt{\varepsilon_0\mu_0} = 3.0\times 10^8\mathrm{m/sec}$ と置くと，$c$ は真空中の光速度を与える。

---

**例 1.22** （**円電流がつくる磁場**）　原点を中心とする $xy$ 平面上の半径 $a$ の回路に電流 $I$ を反時計回りに流す。このとき，円電流がつくる磁場 $\boldsymbol{B}$ を計算しよう。電流回路 $C$ の座標は，$\boldsymbol{r}' = (a\cos\theta, a\sin\theta, 0)$ と書ける。$C$ の断面積を $S$，$C$ に沿って流れる電流密度を $\boldsymbol{j}$ とすると，体積要素 $dx'dy'dz'$ は，$C$ に沿った体積要素 $Sdr'$ に置き換えられるから

$$\boldsymbol{j}dx'dy'dz' = \boldsymbol{j}Sdr' = \boldsymbol{I}dr' = Id\boldsymbol{r}'$$

と書ける。よって，$\boldsymbol{r} = (x, y, z)$ における磁場 $\boldsymbol{B}$ は

$$\begin{aligned} Id\boldsymbol{r}' \times (\boldsymbol{r} - \boldsymbol{r}') &= Ia(-\sin\theta, \cos\theta, 0)d\theta \times (x - a\cos\theta, y - a\sin\theta, z) \\ &= Ia(z\cos\theta, z\sin\theta, a - x\cos\theta - y\sin\theta)d\theta \end{aligned}$$

より

$$\boldsymbol{B} = \frac{\mu_0 I}{4\pi}\int_0^{2\pi} \frac{a(z\cos\theta, z\sin\theta, a - x\cos\theta - y\sin\theta)}{\{(x - a\cos\theta)^2 + (y - a\sin\theta)^2 + z^2\}^{3/2}}d\theta$$

と書ける。この積分は一般には初等関数の範囲内で実行できないが，$x = y = 0$，つまり中心軸（$z$ 軸）上では積分可能で

$$\begin{cases} \boldsymbol{B} = (0, 0, B) \\ B = \dfrac{\mu_0 I}{4\pi}\displaystyle\int_0^{2\pi} \frac{a^2 d\theta}{(a^2 + z^2)^{3/2}} = \frac{\mu_0 I a^2}{2(a^2 + z^2)^{3/2}} \end{cases} \tag{1.66}$$

となる。中心軸上の点 $(0,0,z)$ から電流回路を見込む角を $\alpha$（**図 1.14**）として，$a=\sqrt{a^2+z^2}\sin\alpha$ であるから，つぎの式を得る。

$$B=\frac{\mu_0 I}{2a}\sin^3\alpha \tag{1.67}$$

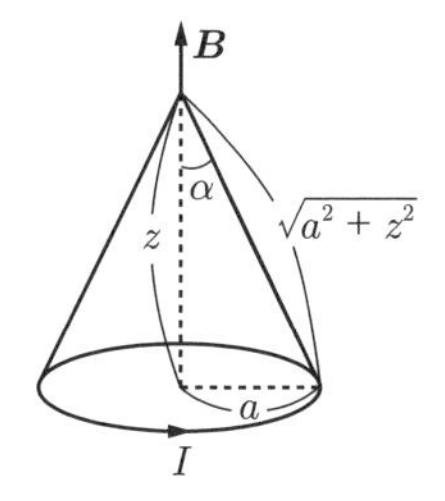


**図 1.14** 円電流がつくる磁場

---

電場に対して電位を考えたように，磁場 (1.67) に対しても**磁位**（magnetic potential）を考えよう。

$$\phi(\mathrm{P})=-\int^{\mathrm{P}}\boldsymbol{B}(\boldsymbol{r})\cdot d\boldsymbol{r}=-\int_{-\infty}^{z}Bdz$$

ここで点 P を $z$ 軸上の点 $(0,0,z)$ にとり，積分路も $z$ 軸に沿って $-\infty$ から $z$ までとした。ここで，$B$ は式 (1.66) で与えられるが，さらに $z=a/\tan\alpha$ と置くと $B$ は式 (1.67) と書ける。積分範囲の変換にも注意すると

$$\begin{aligned}\phi(\mathrm{P})&=-\frac{\mu_0 I}{2a}\int_{\pi}^{\alpha}\sin^3\alpha\frac{-ad\alpha}{\sin^2\alpha}\\&=\frac{\mu_0 I}{2}\int_{\pi}^{\alpha}\sin\alpha d\alpha=\left[-\frac{\mu_0 I}{2}\cos\alpha\right]_{\pi}^{\alpha}\end{aligned}\tag{1.68}$$

を得る。$z=+\infty$ は $\alpha=0$ に対応するから，$z$ 軸上を $-\infty$ から $+\infty$ まで $P$ を動かすとき，$\phi(P)$ の値は $-\mu_0 I$ だけ変化する。すなわち，磁位の積分路として電流回路と右ねじの向きに絡むような閉曲線をとると，$\phi$ の値は 1 周ごとに $-\mu_0 I$ ずつ変化する。したがって，円電流がつくる磁場に対して，式 (1.68) は局所的にしか意味はなく，磁位は大域的には定義できない。

例 1.22 に限らず一般の場合でも，$\phi$ は一価関数ではなく，電流回路と右ねじの向きに絡んだ経路を 1 周するごとに $-\mu_0 I$ だけ変化すると仮定する。この仮定のもとでつぎの**アンペールの法則**（Ampere's law）を得る。

**法則 1.20**（アンペールの法則）　定常電流がつくる磁場の中に任意の閉回路 $C$ をとり，$C$ に沿って $\boldsymbol{B}$ を周回積分したものは，$C$ と絡み合う電流の総和の $\mu_0$ 倍に等しい。

$$\oint_C \boldsymbol{B}\cdot d\boldsymbol{r} = \mu_0 I, \quad I = \sum_i n_i I_i \tag{1.69}$$

ここで，$I_i$ の符号は，$C$ とたがいに右ねじの向きに絡んでいるとき正とする。

**証明**　電流回路 $C_1, \cdots, C_n$ にそれぞれ電流 $I_1, \cdots, I_n$ が流れているとする。このとき，これらの定常電流がつくる磁場は，それぞれがつくる磁場の重ね合わせであり，したがって磁場による磁位 $\phi(\mathrm{P})$ も各電流 $I_i$ がつくる磁位 $\phi_i(\mathrm{P})$ の重ね合わせとなる。さて，式 (1.69) の左辺は，積分経路 $C$ に沿った磁位の変化に負号を付けたものであるから

$$\oint_C \boldsymbol{B}\cdot d\boldsymbol{r} = -\Delta\phi = -\sum_{i=1}^{n} \Delta\phi_i(\mathrm{P}) \tag{1.70}$$

である。ここで，$n_i$ を積分経路 $C$ と電流回路 $C_i$ との絡み数，すなわち，電流 $I_i$ が右ねじの向きに $C$ を横切る回数とすると

$$\Delta\phi_i(\mathrm{P}) = -n_i \mu_0 I_i \tag{1.71}$$

となるから，式 (1.70) と式 (1.71) を合わせて式 (1.69) を得る。　□

**法則 1.21**　定常電流がつくる磁場 $\boldsymbol{B}$ (1.65) はつぎの方程式に従う。

$$\operatorname{div}\boldsymbol{B} = 0, \quad \operatorname{rot}\boldsymbol{B} = \mu_0 \boldsymbol{j} \tag{1.72}$$

**証明**　式 (1.72) の第 1 式は直接計算による。実際

$$\boldsymbol{B}(\boldsymbol{r}) = -\frac{\mu_0}{4\pi}\int \boldsymbol{j}(\boldsymbol{r}')\times \operatorname{grad}\left(\frac{1}{|\boldsymbol{r}-\boldsymbol{r}'|}\right) dx'dy'dz' \tag{1.73}$$

であるから，練習 1.5 (2) より

$$\operatorname{div}\boldsymbol{B}(\boldsymbol{r}) = \frac{\mu_0}{4\pi}\int \boldsymbol{j}(\boldsymbol{r}')\cdot \operatorname{rot}\operatorname{grad}\left(\frac{1}{|\boldsymbol{r}-\boldsymbol{r}'|}\right) dx'dy'dz' = 0 \tag{1.74}$$

となって成り立つ。ここで，$\mathrm{rot}\,\boldsymbol{j}(\boldsymbol{r}') = \boldsymbol{0}$ と $\mathrm{rot}\,\mathrm{grad} = \boldsymbol{0}$ を用いた。

アンペールの法則（式 (1.69)）の右辺は，式 (1.58) により

$$\mu_0 I = \mu_0 \int\!\!\int_S (\boldsymbol{j}\cdot\boldsymbol{n})\,dS$$

に等しい。ここで，$S$ は $C$ を縁とする曲面である。よって，ストークスの定理により，式 (1.72) の第 2 式を得る。　□

**注意 1.13**　例 1.14 で注意したように，クーロン電場に対して $\mathrm{rot}\,\boldsymbol{E} = \boldsymbol{0}$ であるから，$\boldsymbol{E} = -\mathrm{grad}\,\varphi$ をみたすスカラーポテンシャル $\varphi$ が存在する。

一方静磁場に対しては，式 (1.72) の第 1 式より $\mathrm{div}\,\boldsymbol{B} = 0$ が成り立つので，補題 1.10 より，$\boldsymbol{B} = \mathrm{rot}\,\boldsymbol{A}$ をみたすベクトル場 $\boldsymbol{A}$ が存在する。これを**ベクトルポテンシャル**（vector potential）という。

---

**例題 1.9**　**（直線電流がつくる磁場）**　直線電流 $I$ がつくる磁場を求めよ。

---

**解答例**　ビオ・サヴァールの法則（法則 1.19）により，点 P における磁場の向きは，P を通り電流に垂直な平面内にあり，直線を中心とする円の接線方向（電流の流れる向きに右ねじを回す向き）である（**図 1.15**）。また，その大きさ $B$ は電流からの距離 $r$ の関数であり，アンペールの法則（法則 1.20）を用いて

$$\oint_C \boldsymbol{B}\cdot d\boldsymbol{r} = B(r)\cdot 2\pi r = \mu_0 I, \quad B(r) = \frac{\mu_0 I}{2\pi r}$$

と書ける。ここで $C$ は電流に垂直な平面内上の半径 $r$ の円周である。　◆

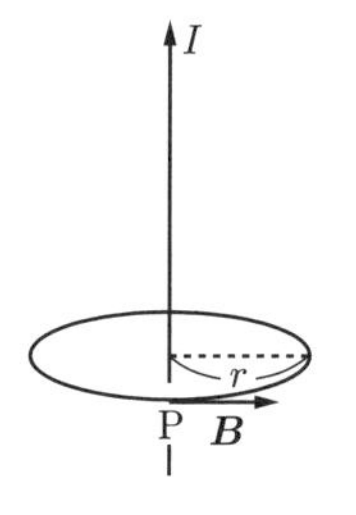


**図 1.15**　直線電流がつくる磁場

**練習 1.9**　定常電流がつくる磁場 $\boldsymbol{B}$ (1.65) に対し，つぎのベクトル場 $\boldsymbol{A}$ が $\boldsymbol{B} = \mathrm{rot}\,\boldsymbol{A}$ をみたすことを示せ。

$$\boldsymbol{A}(\boldsymbol{r}) = \frac{\mu_0}{4\pi}\int \frac{\boldsymbol{j}(\boldsymbol{r}')}{|\boldsymbol{r}-\boldsymbol{r}'|}dx'dy'dz' \tag{1.75}$$

### 1.7.2 ローレンツ力

荷電粒子が電場と磁場から受ける力を**ローレンツ力**（Lorentz force）という。

**法則 1.22**　電場 $\boldsymbol{E}$ と磁場 $\boldsymbol{B}$ の空間を速度 $\boldsymbol{v}$ で動く電荷 $q$ の荷電粒子は

$$\boldsymbol{F} = q\boldsymbol{E} + q\boldsymbol{v}\times\boldsymbol{B} \tag{1.76}$$

の力を受ける。荷電粒子が受ける右辺の力を**ローレンツ力**という。

**注意 1.14**　式 (1.76) の右辺の第 1 項をクーロン力，第 2 項を（狭義の）ローレンツ力として区別することがある。（狭義の）ローレンツ力はその形から荷電粒子の速度 $\boldsymbol{v}$ と直交しているので，速度の方向を変える効果はあっても，その大きさを変化させることはない。すなわち，（狭義の）ローレンツ力は仕事をしない。

---

**例題 1.10**　ある点 P における磁場 $\boldsymbol{B}$ がその点を流れる微小電流 $\boldsymbol{I}dl$ に及ぼす力 $\boldsymbol{F}$ は，つぎの式で与えられることを示せ。

$$\boldsymbol{F} = \boldsymbol{I}dl\times\boldsymbol{B} \tag{1.77}$$

---

**証明**　断面積 $S$ の導線中を，電荷密度 $\rho$ の荷電粒子が速度 $\boldsymbol{v}$ で通過しているとする。このとき，単位体積当り，$\rho\boldsymbol{v}\times\boldsymbol{B}$ のローレンツ力を受ける。よって，長さ $dl$ の微小導線中の全荷電粒子は

$$\boldsymbol{F} = \rho S dl\boldsymbol{v}\times\boldsymbol{B}$$

のローレンツ力を受ける。一方，導線を流れる電流ベクトルは $\boldsymbol{I} = \rho S\boldsymbol{v}$ で与えられるから，微小電流 $\boldsymbol{I}dl$ は磁場 $\boldsymbol{B}$ から

$$\boldsymbol{F} = \boldsymbol{I}dl\times\boldsymbol{B}$$

のローレンツ力を受ける。　□

**注意 1.15**　例題 1.10 における電流，磁場，力の向きの関係を特に**フレミング左手の**

法則（Fleming's left hand rule）という（図 **1.16**）。左手の中指を電流の向きに，左手の人差し指を磁場の向きに合わせると，左手の親指がローレンツ力の向きに一致する。

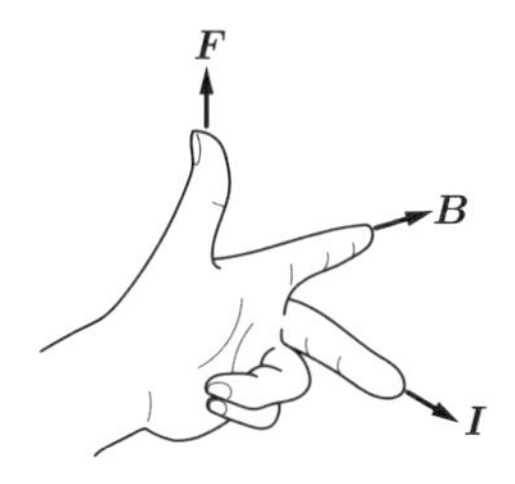


**図 1.16** フレミング左手の法則

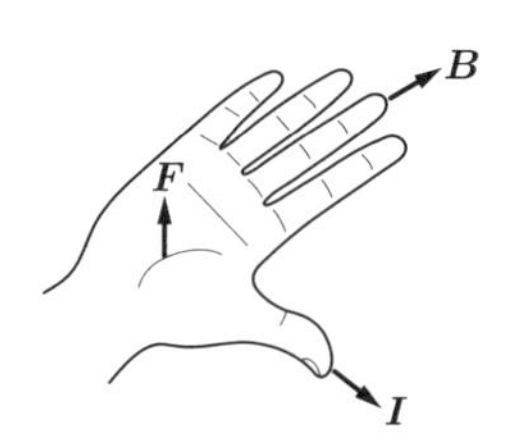


**図 1.17** 「右手のひらの法則」

ただし，電流と磁場の向きによっては左手を無理にひねらなければならない。そういうときは右手のひらで代用できることを覚えておくとよい（図 **1.17**）。右手の親指を電流の向きに，右手のほかの 4 本の指を磁場の向きに合わせると，右手のひらの向きがローレンツ力の向きに一致する†。

**練習 1.10** 電荷 $q$，質量 $m$ の荷電粒子が，$+z$ 軸方向の一様な磁場 $\boldsymbol{B} = (0, 0, B)$ の中でどのような運動をするか調べよ。ここで，重力はローレンツ力に比べて小さいので無視できるとする。

### 1.7.3 電 磁 誘 導

電気回路 $C$ を貫く磁束が時間的に変化すると，回路 $C$ に起電力が生じる。

**法則 1.23** （ファラデーの電磁誘導の法則（Faraday's law of induction））
曲面 $S$ 上における磁場（磁束密度）$\boldsymbol{B}$ の面積分

$$\Phi = \int\!\!\int_S (\boldsymbol{B} \cdot \boldsymbol{n})\, dS \tag{1.78}$$

により，$S$ を裏から表へ貫く**磁束** $\Phi$ を定める。このとき，曲面 $S$ の境界 $C$ に生じる誘導起電力 $\mathcal{E}$ は，磁束 $\Phi$ の減少率に等しい。

† ローレンツ力（式 (1.77)）が電流と磁場の外積で与えられているので，これは当然である。

$$\mathcal{E} = -\frac{d\Phi}{dt} \tag{1.79}$$

---

**例 1.23**　簡単のため，上向きに一様な静磁場 $\boldsymbol{B}$ のある空間内に水平にコの字型の導線 ABCD を置いて，BC に平行になるよう導線に乗せた金属棒 EF が速度 $\boldsymbol{v}$ で動くとする（図 **1.18**）。このとき，微少時間 $\Delta t$ の間に，EF 上の微少断片 $d\boldsymbol{r}$ が掃く面積は $|\boldsymbol{v}\Delta t \times d\boldsymbol{r}|$ であり，$d\boldsymbol{r}$ が動いたために回路 $C$ =EBCF を縁とする面 $S$ を貫く磁束の変化は

$$\Delta\Phi = \boldsymbol{B} \cdot (\boldsymbol{v}\Delta t \times d\boldsymbol{r})$$

に等しい。よって，面 $S$ を貫く全磁束の時間変化は

$$\frac{d\Phi}{dt} = \oint_C \boldsymbol{B} \cdot (\boldsymbol{v} \times d\boldsymbol{r}) = \oint_C (\boldsymbol{B} \times \boldsymbol{v}) \cdot d\boldsymbol{r} \tag{1.80}$$

である†。式 (1.80) と式 (1.79) とを合わせて

$$\mathcal{E} = -\frac{d\Phi}{dt} = \oint_C \boldsymbol{E}^i \cdot d\boldsymbol{r}, \quad \boldsymbol{E}^i = \boldsymbol{v} \times \boldsymbol{B} \tag{1.81}$$

である。ここで，$\boldsymbol{E}^i$ は単位電荷が磁場 $\boldsymbol{B}$ から受けるローレンツ力であり，**誘導電場**である。したがって，図 1.18 中の $\boldsymbol{E}^i$ の向きに**誘導電流**が流れる。この誘導電流は，回路 $C$ 内の磁束の変化を少なくするような向き，すなわち回路内に下向きの磁場（図中の $\boldsymbol{B}^i$）をつくる。

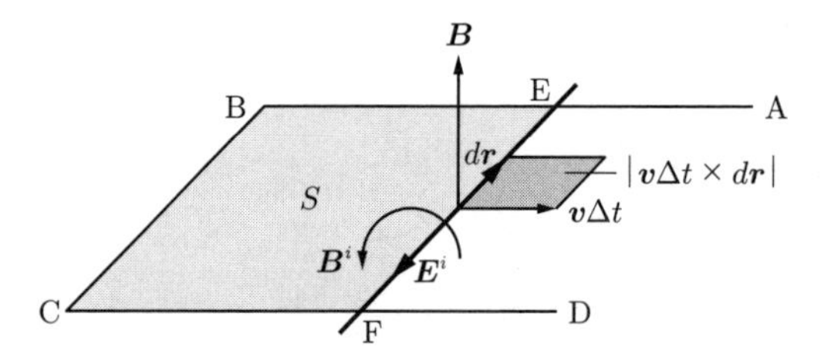


**図 1.18**　速度 $\boldsymbol{v}$ で動く回路と誘導起電力

---

† ここで，式 (1.80) の第 2 の等式では系 1.5 を用いた。

**注意 1.16**　クーロン電場 $\boldsymbol{E}^c$ は渦なし（法則 1.11）なので，ストークスの定理より

$$\oint_C \boldsymbol{E}^c \cdot d\boldsymbol{r} = \int\!\!\int_S \mathrm{rot}\,\boldsymbol{E}^c \cdot \boldsymbol{n}\,dS = 0 \tag{1.82}$$

となり，起電力の仕事源にはなり得ない。電場 $\boldsymbol{E}$ はクーロン電場 $\boldsymbol{E}^c$ と誘導電場 $\boldsymbol{E}^i$ の和 $\boldsymbol{E} = \boldsymbol{E}^c + \boldsymbol{E}^i$ であるから，式 (1.81) と式 (1.82) より

$$\mathcal{E} = \oint_C \boldsymbol{E} \cdot d\boldsymbol{r} = \int\!\!\int_S \mathrm{rot}\,\boldsymbol{E} \cdot \boldsymbol{n}\,dS \tag{1.83}$$

が成り立つ。ここで，式 (1.83) の最後の等式ではストークスの定理を適用した。これとファラデーの法則（法則 1.23）と式 (1.78) により，つぎの関係式が成り立つ。

$$\int\!\!\int_S \mathrm{rot}\,\boldsymbol{E} \cdot \boldsymbol{n}\,dS = \mathcal{E} = -\frac{d\Phi}{dt} = -\int\!\!\int_S \frac{\partial \boldsymbol{B}}{\partial t} \cdot \boldsymbol{n}\,dS \tag{1.84}$$

式 (1.84) が $C$ を縁とする任意の曲面 $S$ で成り立つから，つぎが成り立つ。

**法則 1.24**　**（電磁誘導の法則の微分形）**　電場 $\boldsymbol{E}$ と磁場 $\boldsymbol{B}$ の間につぎの関係式が成り立つ。

$$\mathrm{rot}\,\boldsymbol{E} = -\frac{\partial \boldsymbol{B}}{\partial t} \tag{1.85}$$

### 1.7.4　変　位　電　流

ここまでに，電場 $\boldsymbol{E}$ と磁場 $\boldsymbol{B}$ がみたすべき四つの方程式を得た。

$$\mathrm{div}\,\boldsymbol{E} = \frac{\rho}{\varepsilon_0};\quad \mathrm{rot}\,\boldsymbol{E} = -\frac{\partial \boldsymbol{B}}{\partial t};\quad \mathrm{div}\,\boldsymbol{B} = 0;\quad \mathrm{rot}\,\boldsymbol{B} = \mu_0 \boldsymbol{j} \tag{1.86}$$

第 1 式はガウスの法則の微分形である。第 3 式は**磁気単極子**（**モノポール**）が存在しない[†]ことを表し，第 4 式はアンペールの法則の微分形である。第 2 式は，ファラデーの電磁誘導の法則の微分形である。

しかしながら，式 (1.86) の第 4 式は矛盾をはらんでいる。なぜなら，第 4 式の両辺の発散をとると，左辺は $\mathrm{div}\,\mathrm{rot}\,\boldsymbol{B} = 0$ となる一方，右辺は $\mu_0\,\mathrm{div}\,\boldsymbol{j}$ となって非定常電流では 0 とならないからである。

[†] 永久磁石の N 極と S 極はつねにペアで現れ，電荷のように単独で正または負の磁荷は存在しない。これを，磁気単極子が存在しないという。

マクスウェルは，この矛盾を解決するために電流密度 $\boldsymbol{j}$ を

$$\boldsymbol{J} = \boldsymbol{j} + \varepsilon_0 \frac{\partial \boldsymbol{E}}{\partial t} \tag{1.87}$$

で置き換えた。このとき，$\boldsymbol{J}$ の発散は

$$\operatorname{div} \boldsymbol{J} = \operatorname{div} \boldsymbol{j} + \varepsilon_0 \frac{\partial}{\partial t}(\operatorname{div} \boldsymbol{E}) = \operatorname{div} \boldsymbol{j} + \frac{\partial \rho}{\partial t} = 0$$

となるからである。ここで，第 2 の等式では式 (1.86) の第 1 式を，第 3 の等式では連続の方程式 (1.64) を用いた。式 (1.87) の右辺第 2 項を**変位電流**という。

式 (1.86) で式 (1.87) の置き換えをした方程式を**マクスウェルの方程式**という。

**法則 1.25**　電場 $\boldsymbol{E}$ と磁場 $\boldsymbol{B}$ はつぎの四つの方程式をみたす。

$$\begin{cases} \operatorname{div} \boldsymbol{E} = \dfrac{\rho}{\varepsilon_0}; \quad \operatorname{rot} \boldsymbol{E} + \dfrac{\partial \boldsymbol{B}}{\partial t} = \boldsymbol{0} \\ \operatorname{div} \boldsymbol{B} = 0; \quad \operatorname{rot} \boldsymbol{B} = \mu_0 \left( \boldsymbol{j} + \varepsilon_0 \dfrac{\partial \boldsymbol{E}}{\partial t} \right) \end{cases} \tag{1.88}$$

### 1.7.5 電　磁　波

真空中のマクスウェルの方程式は，式 (1.88) で $\rho = 0$，$\boldsymbol{j} = \boldsymbol{0}$ と置いて

$$\operatorname{div} \boldsymbol{E} = 0; \quad \operatorname{rot} \boldsymbol{E} + \frac{\partial \boldsymbol{B}}{\partial t} = \boldsymbol{0}; \quad \operatorname{div} \boldsymbol{B} = 0; \quad \operatorname{rot} \boldsymbol{B} = \frac{1}{c^2} \frac{\partial \boldsymbol{E}}{\partial t} \tag{1.89}$$

となる。ここで $c = 1/\sqrt{\mu_0 \varepsilon_0}$ は光速度である（注意 1.12）。

式 (1.89) を電場 $\boldsymbol{E}$ または磁場 $\boldsymbol{B}$ だけを含む方程式に分離すると

$$\frac{1}{c^2} \frac{\partial^2 \boldsymbol{E}}{\partial t^2} - \Delta \boldsymbol{E} = \boldsymbol{0}, \quad \frac{1}{c^2} \frac{\partial^2 \boldsymbol{B}}{\partial t^2} - \Delta \boldsymbol{B} = \boldsymbol{0} \tag{1.90}$$

となる[†]。これは，電荷や電流が存在しなくても，時間変化する電磁場が速さ $c$ の波（電磁波）として伝わることを意味する。音などの力学的な波は空気や水などを媒質として伝わるが，電磁波の場合は波を伝える媒質は存在しない。

† $\Delta$ の定義は例題 1.5 を見よ。

式 (1.90) を式 (1.89) を考慮して解くと

$$\boldsymbol{E}(\boldsymbol{r},t)=\boldsymbol{E}_0\sin(\boldsymbol{k}\cdot\boldsymbol{r}-\omega t+\delta),\ \boldsymbol{B}(\boldsymbol{r},t)=\boldsymbol{B}_0\sin(\boldsymbol{k}\cdot\boldsymbol{r}-\omega t+\delta) \quad (1.91)$$

を得る。ここで，$\boldsymbol{k}$ は角波数ベクトル，$\omega=c|\boldsymbol{k}|$ は角振動数である。

---

**例題 1.11** 真空中の電場 $\boldsymbol{E}$ と磁場 $\boldsymbol{B}$ が偏微分方程式 (1.90) をみたすことを示せ。ただし，$\boldsymbol{E}$ と $\boldsymbol{B}$ は位置 $\boldsymbol{r}$ と時刻 $t$ の $C^2$ 級関数であるとする。

---

**証明** 式 (1.89) の第 4 式の両辺を $t$ で偏微分すると

$$\frac{\partial}{\partial t}(\mathrm{rot}\,\boldsymbol{B})=\frac{1}{c^2}\frac{\partial^2\boldsymbol{E}}{\partial t^2}$$

となる。この式の左辺は $\boldsymbol{B}$ が $C^2$ 級なので $\partial/\partial t$ と rot が可換であること，および式 (1.89) の第 2 式，さらに例題 1.5 (2) の公式を用いて

$$\mathrm{rot}\left(\frac{\partial\boldsymbol{B}}{\partial t}\right)=-\mathrm{rot}\,(\mathrm{rot}\,\boldsymbol{E})=-\mathrm{grad}\,(\mathrm{div}\,\boldsymbol{E})+\Delta\boldsymbol{E}=\Delta\boldsymbol{E}$$

となるから，式 (1.90) の第 1 式が成り立つ。ここで最後の等式では，式 (1.89) の第 1 式を用いた。

つぎに，式 (1.89) の第 2 式の両辺を $t$ で偏微分すると

$$\frac{\partial}{\partial t}(\mathrm{rot}\,\boldsymbol{E})+\frac{\partial^2\boldsymbol{B}}{\partial t^2}=\boldsymbol{0}$$

となる。この式の左辺第 1 項は $\boldsymbol{E}$ が $C^2$ 級なので $\partial/\partial t$ と rot が可換であること，および式 (1.89) の第 4 式，さらに例題 1.5 (2) の公式を用いて

$$\mathrm{rot}\left(\frac{\partial\boldsymbol{E}}{\partial t}\right)=c^2\mathrm{rot}\,(\mathrm{rot}\,\boldsymbol{B})=c^2\,(\mathrm{grad}\,(\mathrm{div}\,\boldsymbol{B})-\Delta\boldsymbol{B})=-c^2\Delta\boldsymbol{B}$$

となるから，式 (1.90) の第 2 式が成り立つ。ここで最後の等式では，式 (1.89) の第 3 式を用いた。 □

**練習 1.11** 電磁波では，電場 $\boldsymbol{E}$，磁場 $\boldsymbol{B}$，角波数ベクトル $\boldsymbol{k}$ がたがいに直交し，この順で右手系をなすこと，さらに関係式 $|\boldsymbol{E}|=c|\boldsymbol{B}|$ が成り立つことを示せ。ただし，式 (1.91) では $\omega>0$ を仮定してよい。

## 章末問題

【1】 曲線 $C : (x^2/a^2) + (y^2/b^2) = 1$, $z = 0\,(a, b > 0)$ 上で，ベクトル場 $\boldsymbol{B} = (-y/(x^2+y^2), x/(x^2+y^2), 0)$ の線積分 $\displaystyle\int_C \boldsymbol{B}\cdot d\boldsymbol{r}$ を求めよ。

【2】 点 $(\pm1, \pm1, \pm1)$（複合任意）を 8 頂点とする立方体を $V$ とし，その表面である正六面体を $S$ とする。このとき，$S$ 上におけるベクトル場 $\boldsymbol{E} = \boldsymbol{r}/r^3$ の面積分 $\displaystyle\int\!\!\int_S \boldsymbol{E}\cdot\boldsymbol{n}\,dS$ を求めよ。

【3】 一様な電荷密度 $\rho(>0)$ で帯電した半径 $a$ の球を，球の中心が原点に一致するように置いた。このときつぎの問に答えよ。

(1) 球の電荷分布によりつくられる電場 $\boldsymbol{E}(P)$ の大きさ $E$ とその向きを求めよ。電場の大きさ $E$ は点 P の中心からの距離 $r$ の関数となるはずである。$r \geqq a$ と $0 \leqq r < a$ とに場合分けして答えよ。

(2) 球の電荷分布による電位 $\varphi(P) = -\displaystyle\int_\infty^P \boldsymbol{E}\cdot d\boldsymbol{r}$ を，電場 $\boldsymbol{E}$ と微少変位 $d\boldsymbol{r}$ の向きに注意して計算せよ。電位 $\varphi(P)$ は点 P の中心からの距離 $r$ の関数になるはずである。$r \geqq a$ と $0 \leqq r < a$ とに場合分けして答えよ。

(3) $\Delta := (\partial^2/\partial x^2) + (\partial^2/\partial y^2) + (\partial^2/\partial z^2)$ として，$\Delta\varphi$ を計算せよ。また，この結果はなにを意味しているか考察せよ。

【4】 つぎの (1)，(2) の場合につき，円柱内外にできる磁場 $\boldsymbol{B}$ を求めよ。

(1) 無限に長い半径 $a$ の導体円柱面上を一様な電流 $I$ が軸方向に流れるとき。

(2) 無限に長い半径 $a$ の円柱状の導体内部を一様な電流 $I$ が軸方向に流れるとき。

# 2 複素解析

本章の主題は複素関数論である。その準備のため，まずは複素数の基本的な性質を述べるところから始める。実数でない複素数のことを虚数（imaginary number）というが，歴史的にはその名の通り想像上の数と思われてきた。

16 世紀に発見された 3 次方程式の根の公式に関連して，複素数の必要性が初めて認識されるようになった。3 次方程式の実数の根を見つける過程で，補助的な 2 次方程式の虚数の根を経由しなくては表すことのできないケースが存在するのである。本書では 3 次方程式の解法についても説明する。

実用上は，複素数を用いると電気回路などで理論の記述が大変便利になり，量子力学では基本方程式を記述するにあたって複素数は不可欠である。現代を生きるわれわれにとって，複素数はなくてはならない実在の数となっている。

さて，複素関数 $f(z)$ は $z = x + iy$ を変数とする複素数値関数である。したがって，複素関数を $f(x + iy) = u(x, y) + iv(x, y)$ のように実部と虚部の 2 成分の 2 変数ベクトル値関数と見なすこともできる。

微分可能な複素関数を正則関数という。正則関数は何回でも微分可能な複素関数であり，単なる 2 変数関数の集まりとは違う存在である。本章では，複素関数のもつ多くの美しい性質について見ていく。

その中にコーシーの積分定理という複素関数論における中心的な定理がある。コーシーの積分定理からコーシーの積分公式や留数定理などの重要な諸定理が導かれる。特に留数定理は，実軸上の定積分の計算への応用が実用上重要である。微分積分の入門講座などで，原始関数を求めることにより定積分の計算を実行したが，それとは別の計算手段を留数定理は与えるのである。

## 2.1 複素数と複素平面

### 2.1.1 複素平面の導入

**複素数**（complex number）とは，$z = x+iy\,(x, y \in \mathbb{R})$ の形をした数である。ここで $i$ は**虚数単位**と呼ばれ，2 乗すると $-1$ に等しい。すなわち，$i = \sqrt{-1}$ である。二つの複素数 $z = x + iy$ と $z' = x' + iy'$ が等しくなるのは $x = x'$，$y = y'$ のときに限る。$z = x + iy$ のとき，$\bar{z} = x - iy$ と記し，$\bar{z}$ を $z$ の**複素共役**（complex conjugate）という。

ここで，複素数の計算規則を簡単に振り返っておこう。

(1)　$i^2 = -1$

(2)　$(a + bi) + (c + di) = (a + c) + (b + d)i$

(3)　$(a + bi)(c + di) = (ac - bd) + (ad + bc)i$

---

**定義 2.1**（**複素平面**）　複素数 $z = x + iy\ (x, y \in \mathbb{R})$ に対して，直交座標平面上の点 $(x, y)$ を対応させる。この対応を $z \sim (x, y)$ と記す。また，対応 $\sim$ により複素数を表示する平面を**複素平面**（complex plane）という。

複素平面の横軸，縦軸をそれぞれ**実軸**，**虚軸**という。$z = x + iy$ のとき，$x$ を $z$ の**実部**（real part），$y$ を $z$ の**虚部**（imaginary part）といい，それぞれ $x = \mathrm{Re}\,(z)$，$y = \mathrm{Im}\,(z)$ と記す。$z = x + iy$ の複素平面上の対応する点の原点からの距離 $\sqrt{x^2 + y^2}$ を $z$ の**絶対値**といい，$|z|$ と記す。

---

**注意 2.1**　$z = x+iy$ のとき，$z\bar{z} = (x+iy)(x-iy) = x^2+y^2$ であるから，$|z| = \sqrt{z\bar{z}}$ が成り立つ。

つぎに，複素平面における複素数の足し算，掛け算の意味を考えよう。

複素数の足し算は，複素平面におけるベクトルの足し算と同じである。実際，$\alpha \sim (a, b)$，$\beta \sim (c, d)$ のとき，$\alpha + \beta = (a + bi) + (c + di) = (a + c) + (b + d)i$

であるが，これは $\alpha+\beta \sim (a+c,\, b+d)$ を意味する。つまり，複素数の足し算は複素平面におけるベクトルの足し算と同じであるといえる（**図 2.1**）。よってつぎの命題が成り立つ。

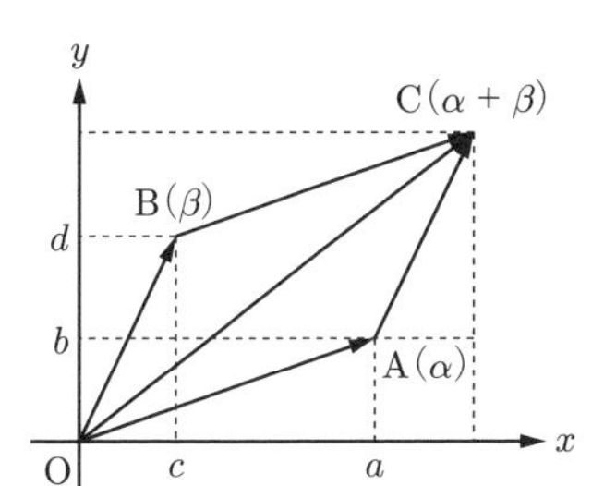


**図 2.1** 複素数の足し算

**命題 2.1** （三角不等式） $\alpha, \beta \in \mathbb{C}$ に対してつぎの不等式が成り立つ。

$$|\alpha+\beta| \leqq |\alpha|+|\beta| \tag{2.1}$$

ここで等号は，$\alpha$ と $\beta$ が複素平面のベクトルとして同じ向きの場合に限る。

証明 $\alpha$，$\beta$，$\alpha+\beta$ の複素平面上の対応する点をそれぞれ A，B，C とすると，OA$=|\alpha|$，AC$=|\beta|$，OC$=|\alpha+\beta|$ である（図 2.1）。線分 OC は 2 点 OC を結ぶ最短経路であるから，折れ線 OAC より短いか等しい。等しくなるのは A が線分 OC 上にあるときである。これは不等式 (2.1) が成り立つことを意味する。 □

複素数の掛け算の複素平面における意味を考えるために，複素数の極座標 (polar coordinates) 表示を導入しよう。

**定義 2.2** （複素数の極座標表示） $z \sim (x,y)$ のとき，複素平面上の点 $(x,y)$ を P，複素平面の原点を O として，$r=$ OP，OP と実軸のなす角を $\theta$ とするとき（**図 2.2**）

$$\begin{cases} x = r\cos\theta \\ y = r\sin\theta \end{cases}$$

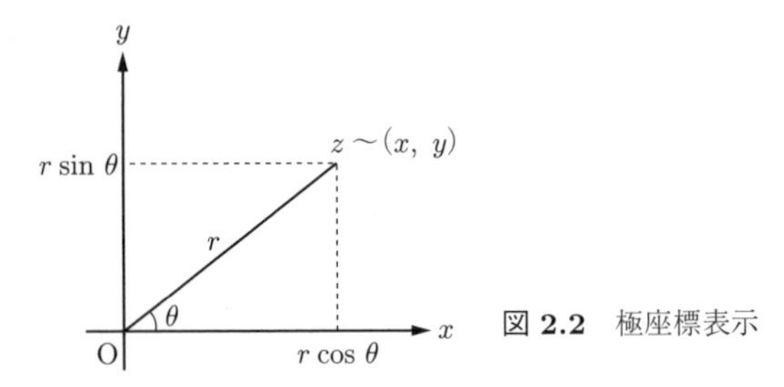


図 **2.2**　極座標表示

が成り立つ。複素数 $z$ を $z = r(\cos\theta + i\sin\theta)$ のように表示することを複素数 $z$ の**極座標表示**という。また，$r$ を $z$ の**絶対値**（absolute value），$\theta$ を $z$ の**偏角**（argument）という。

---

**注意 2.2**　定義 2.2 の記号で，$r = \sqrt{x^2+y^2} = |z|$ が成り立つ。また，$z \neq 0$ のとき，$\cos\theta = x/|z|$，$\sin\theta = y/|z|$ が成り立っている。なお，偏角には $2\pi$ の整数倍の不定性がある。なぜなら，$n \in \mathbb{Z}$ に対し

$$\cos\theta + i\sin\theta = \cos(\theta + 2n\pi) + i\sin(\theta + 2n\pi)$$

が成り立っているからである。

また，巻末の付録の命題 A.1 で証明されるオイラーの関係式（Euler's formula）を用いると（式 (A.1)），複素数 $z$ の極座標表示を以下のように書くことができる。

$$z = re^{i\theta} \tag{2.2}$$

**命題 2.2**　$z_1 = r_1 e^{i\theta_1}$，$z_2 = r_2 e^{i\theta_2}$ と極座標表示されているとき，つぎが成り立つ。

$$z_1 z_2 = r_1 r_2 \left(\cos(\theta_1+\theta_2) + i\sin(\theta_1+\theta_2)\right)$$
$$\frac{z_1}{z_2} = \frac{r_1}{r_2}\left(\cos(\theta_1-\theta_2) + i\sin(\theta_1-\theta_2)\right) \quad (z_2 \neq 0)$$

**証明**　後述の補題 A.2 より明らかである。□

**注意 2.3**　命題 2.2 より，複素数の掛け算は極座標表示したとき，絶対値は積に，偏

角は和になる。例えば最も簡単な $i$ 倍は，$i=\cos(\pi/2)+i\sin(\pi/2)$ より，複素平面におけるベクトルの $\pi/2=90^\circ$ 回転となる。また，複素数の割り算では絶対値は商に，偏角は差になる。

---

**例題 2.1** つぎの問に答えよ。

(1) $z=3-4i$ のとき，$\bar{z}$ を求めよ。また，$|z|$ を求めよ。

(2) つぎの複素数を極座標表示に直せ。 (a) $1+i$ (b) $1-\sqrt{3}i$

---

解答例 (1) 定義により，$\bar{z}=3+4i$ である。また，$|z|=\sqrt{3^2+(-4)^2}=5$ である。

(2) $z=re^{i\theta}=r(\cos\theta+i\sin\theta)$ と極座標表示するとき，$r=|z|$ であったことを思い出そう。

(a) $|1+i|=\sqrt{1^2+1^2}=\sqrt{2}$ であるから，極座標表示

$$1+i=\sqrt{2}\left(\frac{1}{\sqrt{2}}+i\frac{1}{\sqrt{2}}\right)=\sqrt{2}\left(\cos\frac{\pi}{4}+i\sin\frac{\pi}{4}\right)\quad(=\sqrt{2}e^{i\pi/4})$$

を得る。なお，注意 2.2 で述べたように，偏角には $2\pi$ の整数倍の不定性がある（以下同じ）。

(b) $|1-\sqrt{3}i|=\sqrt{1^2+(-\sqrt{3})^2}=2$ であるから，極座標表示

$$\begin{aligned}1-\sqrt{3}i&=2\left(\frac{1}{2}-i\frac{\sqrt{3}}{2}\right)\\&=2\left(\cos\left(-\frac{\pi}{3}\right)+i\sin\left(-\frac{\pi}{3}\right)\right)\quad(=2e^{-i\pi/3})\end{aligned}$$

を得る。 ◆

**練習 2.1** 3 次方程式 $z^3=-2+2i$ と 3 次方程式 $z^3=-2-2i$ を解け。

### 2.1.2 3 次 方 程 式

16 世紀初頭，シピオーネ・デル・フェッロはある種の 3 次方程式の解法を発見したが，その研究成果を彼は公表しなかった。当時のイタリアでは，数学の試合の勝敗で大学の教授職の採否を決めることがあり，公式を発見しても公表せず，秘密にしておくほうが有利だったからである。

その後，ニッコロ・タルタリアも 3 次方程式の解法を発見し，デル・フェッ

ロの弟子との試合に勝利した。ジロラモ・カルダーノはタルタリアに何度も嘆願し，公表しないという約束で3次方程式の解法を教えてもらった。

当初はタルタリアとの約束を守っていたカルダーノだが，本当は公表したくてうずうずしていた。3次方程式の解法を最初に発見したのはすでに亡くなっていたデル・フェッロであることを確かめたカルダーノは，1545年に著書『アルス・マグナ—代数学の規則について』の中で，デル・フェッロの発見として3次方程式の解法を公表したのである。タルタリアはカルダーノの出版に激怒したが，現在では3次方程式の解法はカルダーノの解法と呼ばれている。

本項では，複素数導入のきっかけとなった3次方程式の根の公式を導出する。しかしその前に，まずは2次方程式の根の公式を復習しよう。

2次方程式

$$ax^2 + bx + c = 0 \quad (a \neq 0) \tag{2.3}$$

の両辺を $a$ で割ると

$$x^2 + \frac{b}{a}x + \frac{c}{a} = 0 \tag{2.4}$$

となる。式 (2.4) の両辺に $(b/2a)^2 - c/a$ を加えて整理すると

$$\left(x + \frac{b}{2a}\right)^2 = \frac{b^2 - 4ac}{4a^2} \tag{2.5}$$

となる。式 (2.5) の左辺は $x$ の1次式の平方の形であるから

$$x + \frac{b}{2a} = \pm\frac{\sqrt{D}}{2a}$$

ここで，$D = b^2 - 4ac$ は2次方程式 (2.3) の**判別式**である。式 (2.5) を解いて，つぎの2次方程式の根の公式を得る。

$$x = \frac{-b \pm \sqrt{D}}{2a} \tag{2.6}$$

ここまでははっきりとは書かなかったが，もしわれわれが実数しか存在しないという立場をとれば，$a$，$b$，$c$ は実数であると仮定しなくてはならない。そし

てもし $D \geqq 0$ であれば，2 次方程式 (2.3) は実数の根 (2.6) をもつが，$D < 0$ であれば 2 乗して負になる実数は存在しないから，2 次方程式 (2.3) には根は存在しないということになる。

さて，つぎに 3 次方程式

$$ax^3 + bx^2 + cx + d = 0 \quad (a \neq 0) \tag{2.7}$$

を考える。まず，式 (2.7) の両辺を $a$ で割ると

$$x^3 + \frac{b}{a}x^2 + \frac{c}{a}x + \frac{d}{a} = 0 \tag{2.8}$$

となる。式 (2.8) の両辺に $3x(b/3a)^2 + (b/3a)^3$ を加えて整理すると

$$\left(x + \frac{b}{3a}\right)^3 + 3px + q' = 0, \quad \left(3p = \frac{c}{a} - \frac{b^2}{3a^2}, \quad q' = \frac{d}{a} - \frac{b^3}{27a^3}\right) \tag{2.9}$$

となる。さらに $y = x + b/3a$ と置くと，式 (2.9) は

$$y^3 + 3py + q = 0, \quad \left(q = q' - \frac{bp}{a}\right) \tag{2.10}$$

の形にまで変形できる。このような，3 次の係数が 1 で 2 次の係数が 0 の 3 次方程式 (2.10) を，**3 次方程式の標準形**という。

以下では 3 次方程式の標準形

$$x^3 + 3px + q = 0 \tag{2.11}$$

のみを考える。ここで，天下りではあるがつぎの因数分解公式を用いる。

$$x^3 + u^3 + v^3 - 3uvx = (x + u + v)(x^2 + u^2 + v^2 - ux - vx - uv) \tag{2.12}$$

式 (2.11) と式 (2.12) の左辺を見比べると，もし

$$\begin{cases} p = -uv \\ q = u^3 + v^3 \end{cases} \tag{2.13}$$

をみたす $u$，$v$ を見つけることができれば，その $u$，$v$ の値を用いて式 (2.11) の

左辺を式 (2.12) の右辺[†]のように因数分解できる。式 (2.11) の第 2 式が $u^3$，$v^3$ に関する式になっているので，式 (2.11) を

$$\begin{cases} -p^3 = u^3v^3 \\ q = u^3 + v^3 \end{cases}$$

と直すと，$u^3$，$v^3$ はつぎの 2 次方程式の根である。

$$t^2 - qt - p^3 = 0 \tag{2.14}$$

ここまでまとめると，3 次方程式 (2.11) を解くには，**補助 2 次方程式** (2.14) の根を $u^3$，$v^3$ とし，そのうち式 (2.13) の第 1 式 $uv = -p$ をみたす $u$，$v$ を用いて，式 (2.12) より

$$(x + u + v)(x^2 + u^2 + v^2 - ux - vx - uv) = 0 \tag{2.15}$$

の形に因数分解することにより解くことができる。以下，具体例を見ていこう。

---

**例 2.1**　つぎの 3 次方程式の実数の根を求めよう。

$$x^3 - 6x + 6 = 0 \tag{2.16}$$

式 (2.11) と見比べると，$p = -2, q = 6$ である。よって，補助 2 次方程式 (2.14) は

$$t^2 - 6t + 8 = 0$$

となる。よって，$t = 2, 4$ である。$u^3 = 2$，$v^3 = 4$ をみたす $u$，$v$ のうち式 (2.13) の第 1 式 $uv = 2$ をみたす $(u, v)$ を 1 組求めると，$(u, v) = (\sqrt[3]{2}, \sqrt[3]{4})$ を得る。これを式 (2.15) に代入して

$$(x + \sqrt[3]{2} + \sqrt[3]{4})(x^2 - (\sqrt[3]{2} + \sqrt[3]{4})x + \sqrt[3]{4} + 2\sqrt[3]{2} - 2) = 0 \tag{2.17}$$

となる。よって，$x = -\sqrt[3]{2} - \sqrt[3]{4}$ を得る。

---

[†] これは 1 次式と 2 次式の積だから，3 次方程式 (2.11) の根を見つけたことを意味する。じつは 3 次方程式 $x^3 = 1$ の虚根（$x^2+x+1 = 0$ の 2 根）を $\omega_\pm$ と置くとき，式 (2.12) の右辺はさらに $(x + u + v)(x + u\omega_+ + v\omega_-)(x + u\omega_- + v\omega_+)$ と因数分解できる。

**注意 2.4**　式 (2.17) で $x^2-(\sqrt[3]{2}+\sqrt[3]{4})x+\sqrt[3]{4}+2\sqrt[3]{2}-2=0$ からは実数の根は得られない。$x^3=1$ の 1 以外の根を $\omega_{\pm}=(-1\pm\sqrt{3}i)/2$ と置くと，$u^3=2$，$v^3=2$ および $uv=2$ をみたす実数でない $(u,v)$ の組は $(\sqrt[3]{2}\omega_{\pm},\sqrt[3]{4}\omega_{\mp})$ であるから，式 (2.16) の実数でない根は $x=-\sqrt[3]{2}\omega_{\pm}-\sqrt[3]{4}\omega_{\mp}$ である。ただし，この方程式の例では虚数の存在を認めず，根は $x=-\sqrt[3]{2}-\sqrt[3]{4}$ の一つだけと考えることもできる。

もう一つ別の例を見てみよう。

---

**例 2.2**　つぎの 3 次方程式の実数の根を求めよう。

$$x^3-6x-4=0 \tag{2.18}$$

式 (2.11) と見比べると，$p=-2, q=-4$ である。よって，補助 2 次方程式 (2.14) は

$$t^2+4t+8=0 \tag{2.19}$$

となる。この 2 次方程式の判別式は $D/4=2^2-8=-4<0$ であるから実数の根は存在しない。

一方，3 次方程式 (2.18) は目の子算により $x=-2$ を根にもつ。よって，因数定理により 3 次方程式 (2.18) は

$$(x+2)(x^2-2x-2)=0$$

となるから，$x=-2$，$1\pm\sqrt{3}$ が実数の根である。

この例は，3 次方程式が三つの実数の根をもつにも関わらず，それを一般的に解くために途中で現れる補助 2 次方程式が虚根しかもたない例である[†]。つまり，3 次方程式の実数の根だけを実在のものと認めるとしても，それを求める途中に虚数の式を経由せざるを得ないのである。このことにより，虚数の存在が認識され始めたのである。

---

† じつはこのことは一般的にいえる。例題 2.2 参照。

---

**例題 2.2**　$p, q$ が実数のとき，3 次方程式の標準形 (2.11) について，つぎのことを示せ。ただし，$q \neq 0$ とする。

(1)　3 次方程式 (2.11) が三つの相異なる実数根をもつための必要十分条件は，その補助 2 次方程式 (2.14) が実数の根をもたないことであることを示せ。

(2)　3 次方程式 (2.11) が一つの実数根しかもたないための必要十分条件は，その補助 2 次方程式 (2.14) が実数の根をもつことであることを示せ。

---

**証明**　(1)　$f(x) = x^3 + 3px + q$ と置くと，$\lim_{x\to\pm\infty} f(x) = \pm\infty$ より，中間値の定理から $f(x) = 0$ となる実数 $x$ が必ず一つは存在する。

$f'(x) = 3x^2 + 3p$ より $p \geqq 0$ のとき，$f'(x) \geqq 0$ より $f(x)$ は単調増加である。よってこの場合は $f(x) = 0$ をみたす実数 $x$ はただ一つしか存在しない。

いま $p < 0$ とする。ある正の実数 $k$ を用いて $p = -k^2$ と書くと，$f'(x) = 3(x+k)(x-k)$ と因数分解できる。3 次関数 $f(x) = x^3 - 3k^2x + q$ は $x = -k$ のとき極大値 $f(-k) = 2k^3 + q$，$x = k$ のとき極小値 $f(k) = -2k^3 + q$ をとる。3 次方程式 $f(x) = 0$ が三つの相異なる実数根をもつための必要十分条件は，極大値と極小値が逆符号であること，すなわち

$$
\begin{aligned}
f(-k)f(k) &= (2k^3 + q)(-2k^3 + q) \\
&= q^2 - 4k^6 = q^2 + 4p^3 < 0
\end{aligned}
\tag{2.20}
$$

が成り立つことである。式 (2.20) の最後の等式では $p = -k^2$ を用いた。

一方，補助 2 次方程式 (2.14) の判別式は

$$
D = q^2 + 4p^3 \tag{2.21}
$$

である。2 次方程式 (2.14) が実数の根をもたないための必要十分条件は $D < 0$ であるから，式 (2.20) と合わせて，(1) が成り立つことが示された。なお，3 次方程式 (2.11) が一つの実数の重根とほかの実数根をもつための必要十分条件は，$f(-k)f(k) = 0$ となることであるから，これは結局 2 次方程式 (2.14) の判別式 $D = 0$ が成り立つことである。

(2)　3 次方程式 (2.11) が一つの実数根しかもたないための必要十分条件は，$p \geqq 0$ であるか，$p = -k^2 < 0$ でありかつ 3 次関数 $f(x) = x^3 - 3k^2x + q$ の極

大値と極小値が同符号であることである。後者の条件は

$$f(-k)f(k) = q^2 + 4p^3 > 0 \tag{2.22}$$

である。また，$p \geqq 0$ のときは，条件 (2.22) は $q \neq 0$ より自動的に成り立つ。よって，(2) が成り立つことが示された。 □

**練習 2.2** 例 2.2 の 3 次方程式を，その補助 2 次方程式 (2.19) を用いて解け。

## 2.2 べき級数関数

本節では，べき級数関数の収束について論じる。その準備のため，まず複素数列およびその級数の極限に関する定義や性質についてまとめておこう。

### 2.2.1 複素数列の極限

複素数列の収束については，つぎのように定義される。

---

**定義 2.3** （**複素数列の収束**） 数列の各項 $a_n$ が複素数であるような数列 $\{a_n\}$ が複素数 $\alpha$ に**収束**するとは，任意の正数 $\varepsilon$ に対し

$$n \geqq N \text{ ならば } |a_n - \alpha| < \varepsilon \tag{2.23}$$

が成り立つ自然数 $N$ が存在することをいう。またこのとき

$$\lim_{n \to \infty} a_n = \alpha, \quad a_n \to \alpha \ (n \to \infty)$$

などと記す。ただし式 (2.23) において，$|a_n - \alpha|$ は複素数における絶対値を意味するものとする。

---

つぎの定理は，複素数（体）の完備性と呼ばれる性質を表現している。

**定理 2.3** （**コーシーの収束条件**） 複素数列 $\{a_n\}$ が収束するための必要

十分条件は，任意の正数 $\varepsilon$ に対し

$$n > m \geqq N \text{ ならば } |a_n - a_m| < \varepsilon$$

が成り立つ自然数 $N$ が存在することである。

**証明**　証明は省略する。 □

### 2.2.2　複素級数の収束

複素級数の収束については，つぎのように定義される。

**定義 2.4** （**複素級数の収束**）　複素数列 $\{a_n\}$ に対し，第 $n$ 項までの部分和

$$S_n = a_1 + a_2 + \cdots + a_n$$

がある複素数 $S$ に収束するとき，**無限級数**

$$\sum_{n=1}^{\infty} a_n = a_1 + a_2 + \cdots + a_n + \cdots \tag{2.24}$$

は $S$ に収束するという。またこのとき

$$\sum_{n=1}^{\infty} a_n = S$$

と記し，$S$ を無限級数の和という。

**注意 2.5**　無限級数の場合はしばしば数列 $\{a_n\}$ が第 0 項 $a_0$ から始まるとして考えることが多い。また，無限級数のことを単に級数と書くことがある。

コーシーの収束条件（定理 2.3）を級数の場合に書き換えるとつぎの命題を得る。

**命題 2.4**　級数 $\displaystyle\sum_{n=1}^{\infty} a_n$ が収束するための必要十分条件は，任意の正数 $\varepsilon$ に

対し

$$n > m \geqq N ならば\ |a_{m+1} + \cdots + a_{n-1} + a_n| < \varepsilon \tag{2.25}$$

が成り立つ自然数 $N$ が存在することである。

**証明** 第 $n$ 項までの部分和を $S_n$ とすると，$n > m$ のとき，$S_n - S_m = a_{m+1} + \cdots + a_{n-1} + a_n$ であるから，定理 2.3 よりただちに従う。 □

つぎに，重要な概念である絶対収束（absolute convergence）について定義する。

**定義 2.5** （絶対収束） 式 (2.24) の級数が

$$\sum_{n=1}^{\infty} |a_n| < \infty$$

をみたすとき，級数 (2.24) は**絶対収束**するという。

**命題 2.5** 複素数列 $\{a_n\}$ の各項が正の実数，すなわち各 $a_n \in \mathbb{R}$ かつ $a_n > 0$ とする。級数 $\sum_{n=1}^{\infty} a_n$ が収束するとき，$\{a_n\}$ の順番を変更して得られる級数も収束して，元の級数と和が等しい。

**証明** $k(n)$ を自然数の集合 $\mathbb{N}$ から自分自身への全単射[†]とすると，$a'_n = a_{k(n)}$ により定まる数列 $\{a'_n\}$ は，元の数列 $\{a_n\}$ の項の順番を変更して得られる数列である。数列 $\{a_n\}$ と数列 $\{a'_n\}$ の第 $n$ 項までの部分和をそれぞれ $S_n$，$S'_n$ と記す。

十分大きい自然数 $n$ に対して，$\{k(1), k(2), \cdots, k(m_n)\} \subset \{1, 2, \cdots, n\}$ をみたす最大の自然数を $m_n$ と置くと

† 写像 $k(n) : \mathbb{N} \longrightarrow \mathbb{N}$ が全単射であるとは，$n \neq n'$ のとき $k(n) \neq k(n')$ が成り立ち，かつ $\{k(n) | n \in \mathbb{N}\} = \mathbb{N}$ が成り立つことをいう。

$$S'_{m_n} \leqq S_n \tag{2.26}$$

が成り立つ。また，$n \to \infty$ のとき，$m_n \to \infty$ であるから，式 (2.26) より $\displaystyle\sum_{n=1}^{\infty} a'_n$ も絶対収束する。よって，$\displaystyle\sum_{n=1}^{\infty} a_n = S$，$\displaystyle\sum_{n=1}^{\infty} a'_n = S$ と置くと，$S' \leqq S$ である。

一方，$\{k(1), k(2), \cdots, k(M_n)\} \supset \{1, 2, \cdots, n\}$ みたす最小の自然数を $M_n$ と置くと

$$S_n \leqq S'_{M_n} \tag{2.27}$$

が成り立つ。また，$n \to \infty$ のとき，$M_n \to \infty$ であるから，式 (2.27) より $S \leqq S'$ である。よって $S' = S$ を得る。　□

**定理 2.6**　絶対収束する級数 $\displaystyle\sum_{n=1}^{\infty} a_n$ について，つぎが成り立つ。

(1)　級数 $\displaystyle\sum_{n=1}^{\infty} a_n$ は収束する。

(2)　項の一部をとって得られる級数も収束する。

(3)　項の順番を変更して得られる級数も収束して，元の級数と和が等しい。

**証明**　(1)　級数 $\displaystyle\sum_{n=1}^{\infty} a_n$ が絶対収束するとき，定義 2.5 と命題 2.4 とから任意の正数 $\varepsilon$ に対し

$$n > m \geqq N \text{ ならば } |a_{m+1}| + \cdots + |a_{n-1}| + |a_n| < \varepsilon \tag{2.28}$$

が成り立つ自然数 $N$ が存在する。三角不等式（命題 2.1）より

$$|a_{m+1} + \cdots + a_{n-1} + a_n| \leqq |a_{m+1}| + \cdots + |a_{n-1}| + |a_n| \tag{2.29}$$

が成り立つ。式 (2.28) と式 (2.29) より，任意の正数 $\varepsilon$ に対し，式 (2.25) が成り立つ自然数 $N$ が存在するから，級数 $\displaystyle\sum_{n=1}^{\infty} a_n$ は収束する。

(2)　項の一部をとって得られる数列は，ある単調増加な自然数列 $n(k) \in \mathbb{N}(1 \leqq n(1) < n(2) < n(3) < \cdots)$ を用いて，$p_k = a_{n(k)}$ と書ける。

$\{p_k | k \in \mathbb{N}\} \subset \{a_n | n \in \mathbb{N}\}$ より明らかに

$$\sum_{k=1}^{\infty} |p_k| < \sum_{n=1}^{\infty} |a_n| < \infty$$

が成り立つ。よって，$\displaystyle\sum_{k=1}^{\infty} p_k$ は絶対収束する。

(3)　$a_n = b_n + ic_n$ を実部と虚部に分けると，$|a_n| = \sqrt{b_n^2 + c_n^2} \geqq |b_n|, |c_n|$ である。つまり，実部の級数 $\displaystyle\sum_{k=1}^{\infty} b_n$，虚部の級数 $\displaystyle\sum_{k=1}^{\infty} c_n$ も絶対収束する。また，$A_N := \displaystyle\sum_{k=1}^{N} a_n$，$B_N := \displaystyle\sum_{k=1}^{N} b_n$，$C_N := \displaystyle\sum_{k=1}^{N} c_n$ と置けば $A_N = B_N + iC_N$ であり，その両辺で $N \to \infty$ の極限をとれば

$$\sum_{n=1}^{\infty} a_n = \sum_{n=1}^{\infty} b_n + i \sum_{n=1}^{\infty} c_n$$

が成り立つ。よって，実部と虚部を別々に考えればよい。

実部 $\{b_n\}$ に対し

$$b_n^+ = \mathrm{Max}\,(b_n, 0), \quad b_n^- = \mathrm{Max}\,(-b_n, 0)$$

と置くと[†]，$b_n^{\pm} \geqq 0$，$b_n = b_n^+ - b_n^-$，$|b_n| = b_n^+ + b_n^-$ が成り立つ。

$0 \leqq b_n^{\pm} \leqq |b_n|$ より，$\displaystyle\sum_{n=1}^{\infty} b_n^{\pm}$ は絶対収束する。さらに命題 2.5 により，$\{b_n^{\pm}\}$ の項の順番を変更しても級数の和は等しい。$\displaystyle\sum_{n=1}^{\infty} b_n = \sum_{n=1}^{\infty} b_n^+ - \sum_{n=1}^{\infty} b_n^-$ であるから，数列 $\{b_n\}$ について項の順番を変更しても級数の和は等しい。虚部 $\{c_n\}$ についても同様である。よって題意は示された。 □

### 2.2.3　べき級数関数の収束

多項式の項数を無限に多くしたものが**べき級数**（power series）**関数**である。

---

**定義 2.6**（べき級数関数）　つぎのように $z = 0$ のまわりのべき級数

---

† $\mathrm{Max}(a, b)$ は，$a, b$ のうち小さくないほうを指す。したがって，$b_n \geqq 0$ なら $b_n^+ = b_n$，$b_n^- = 0$，$b_n < 0$ なら $b_n^+ = 0$，$b_n^- = -b_n$ である。

$$f(z) = \sum_{n=0}^{\infty} a_n z^n = a_0 + a_1 z + a_2 z^2 + \cdots + a_n z^n + \cdots \tag{2.30}$$

の形で表される関数をべき級数関数という。

---

**定理 2.7**　べき級数関数 (2.30) に対して，ある $\rho \geqq 0$ または $\rho = \infty$ が存在して，つぎが成り立つ。

$$f(z) \text{ は，} |z| < \rho \text{ で絶対収束し，} |z| > \rho \text{ で発散する。} \tag{2.31}$$

**注意 2.6**　式 (2.31) における $\rho$ を $f(z)$ の**収束半径**という。また，$|z| = \rho$ で収束するかどうかは場合による。

**証明**　べき級数関数 (2.30) が $z = z_0$ で収束するとすれば，$a_n z_0^n \to 0$ $(n \to \infty)$ が必要である。特に $|a_n z_0^n| \leqq M$ がすべての $n$ で成り立つような正数 $M$ が存在する。よって，$|z| < |z_0|$ のとき

$$\sum_{n=0}^{\infty} |a_n z^n| \leqq M \sum_{n=0}^{\infty} \left| \frac{z}{z_0} \right|^n = \frac{M}{1 - |z|/|z_0|}$$

より，式 (2.30) は絶対収束する。

もし，$z = z_0$ で式 (2.30) が発散し，$|z| > |z_0|$ となる $z$ で式 (2.30) が収束するとすれば，いま示したことに矛盾する。つまり，$z = z_0$ で式 (2.30) が発散するならば，$|z| > |z_0|$ でも式 (2.30) は発散する。

よって，$\rho$ を式 (2.30) が $z = z_0$ で収束する $|z_0|$ の上限，すなわち

$$\rho := \sup \{ |z_0| \mid \text{式 (2.30) が } z = z_0 \text{ で収束する} \}$$

と置くと，式 (2.31) が成り立つ。　□

**定理 2.8**　**（係数比判定法）**　べき級数関数 (2.30) に対して，極限

$$\lim_{n \to \infty} \frac{|a_n|}{|a_{n+1}|} \tag{2.32}$$

が存在するならば，その値は収束半径 $\rho$ に等しい。

**証明** 式 (2.32) の値を $\rho$ と置く。このとき，$|z| < \rho$ ならば

$$l := \lim_{n\to\infty} \frac{|a_{n+1}z^{n+1}|}{|a_n z^n|} < 1$$

である。よって，$l < r < 1$ をみたす $r$ を選ぶと

$$\frac{|a_{n+1}z^{n+1}|}{|a_n z^n|} < r$$

がすべての $n \geqq N$ で成り立つような $N \in \mathbb{N}$ が存在する。よって

$$\sum_{n=N}^{\infty} |a_n z^n| < |a_N z^N| \sum_{n=N}^{\infty} r^{n-N} = \frac{|a_N z^N|}{1-r}$$

より，式 (2.30) は絶対収束する。一方，$|z| > \rho$ ならば

$$m := \lim_{n\to\infty} \frac{|a_{n+1}z^{n+1}|}{|a_n z^n|} > 1$$

である。よって，$1 < R < m$ をみたす $R$ を選ぶと

$$\frac{|a_{n+1}z^{n+1}|}{|a_n z^n|} > R$$

がすべての $n \geqq M$ で成り立つような $M \in \mathbb{N}$ が存在する。よって

$$\sum_{n=M}^{\infty} |a_n z^n| > |a_M z^M| \sum_{n=M}^{\infty} R^{n-M}$$

となり，右辺の級数は発散するから式 (2.30) も発散する。よって，題意が成り立つ。 □

**定理 2.9** （コーシー・アダマールの定理（Cauchy-Hadamard's theorem））
$1/\infty = 0$，$1/0 = \infty$ とすると，つぎが成り立つ。

$$\frac{1}{\rho} = \overline{\lim_{n\to\infty}} \sqrt[n]{|a_n|}$$

**証明** 上極限[†] $\overline{\lim_{n\to\infty}} \sqrt[n]{|a_n z^n|}$ が 1 より小さいか大きいかで場合分けすれば，定

[†] 実数列 $\{a_n\}$ の上極限 $\overline{\lim_{n\to\infty}} a_n$ とは，収束する部分列 $\{a_{n(k)}\}$（ただし，$1 \leqq n(1) < n(2) < n(3) < \cdots$）の極限値の最大値である。

理 2.8 と同様に証明できる。 □

---

**例 2.3**　べき級数関数 $f(z) = 1 + z + z^2 + \cdots$ において，係数が $a_n = 1$ であるから

$$\lim_{n\to\infty} \frac{|a_n|}{|a_{n+1}|} = 1$$

となる。よって定理 2.8 より，$f(z)$ の収束半径は 1 である。$|z| < 1$ のとき

$$f_n(z) = 1 + z + z^2 + \cdots + z^n = \frac{1 - z^{n+1}}{1 - z} \to \frac{1}{1 - z} \quad (n \to \infty)$$

であるから，$f(z) = 1/(1 - z)$ を得る。

---

---

**例 2.4**　べき級数関数 $g(z) = z + (z^2/2) + (z^3/3) + \cdots$ において，係数が $a_n = 1/n$ であるから

$$\lim_{n\to\infty} \frac{|a_n|}{|a_{n+1}|} = \lim_{n\to\infty} \frac{n+1}{n} = 1$$

となる。よって定理 2.8 より，$g(z)$ の収束半径は 1 で，$|z| < 1$ または $z = -1$ のとき，$\log(1/(1 - z))$ に等しい。実際，$g_n(z) = z + (z^2/2) + (z^3/3) + \cdots + (z^n/n)$ と置くと，例 2.3 の $f_n(z)$ との間に

$$g_n(z) = \int_0^z f_{n-1}(x)\, dx \tag{2.33}$$

の関係が成り立つ。$|z| < 1$ のとき式 (2.33) の両辺の $n \to \infty$ の極限をとると

$$\lim_{n\to\infty} g_n(z) = \int_0^z \frac{dx}{1 - x} = \log\left(\frac{1}{1 - z}\right) \tag{2.34}$$

を得る[†1]。また，$z = -1$ のときは交代級数の性質より $g(-1) = -\log 2$ が成り立つのである[†2]。

---

[†1] 式 (2.34) の第 1 の等式では，絶対収束するべき級数関数の積分と極限の順序を入れ替えられる性質を用いた。

[†2] 例えば，巻末の引用・参考文献2) の例題 4.6 を参照のこと。

**例 2.5** べき級数関数 $h(z) = z + (z^2/2^2) + (z^3/3^2) + \cdots$ において，係数が $a_n = 1/n^2$ であるから

$$\lim_{n\to\infty} \frac{|a_n|}{|a_{n+1}|} = \lim_{n\to\infty} \frac{(n+1)^2}{n^2} = 1$$

となる。よって定理 2.8 より，$h(z)$ の収束半径は 1 である。$|z| \leqq 1$ のとき，$h_n(z) = z + (z^2/2^2) + (z^3/3^2) + \cdots + (z^n/n^2)$ と置くと，例 2.4 の $g_n(z)$ との間に

$$h_n(z) = \int_0^z g_n(x) \frac{dx}{x} \tag{2.35}$$

の関係が成り立つ。よって，式 (2.35) の両辺で $n \to \infty$ の極限をとると

$$h(z) = \int_0^z \log\left(\frac{1}{1-x}\right) \frac{dx}{x}$$

を得る†。$h(z)$ は **2 重対数関数**と呼ばれ，しばしば $\mathrm{Li}_2(z)$ と記される。

---

**定義 2.7** （**双曲線関数**） $z \in \mathbb{C}$ に対し

$$\cosh z := \frac{e^z + e^{-z}}{2}, \quad \sinh z := \frac{e^z - e^{-z}}{2}, \quad \tanh z := \frac{\sinh z}{\cosh z} \tag{2.36}$$

により定義される $\cosh z$，$\sinh z$，$\tanh z$ を総称して，双曲線関数という。

---

**注意 2.7** 定義式 (2.36) と後述の関係式 (A.4) より，ただちに

$$\cosh z = \cos(iz), \quad \sinh z = -i\sin(iz), \quad \tanh z = -i\tan(iz) \tag{2.37}$$

が成り立つことがわかる。また，$\cosh z$ と $\sinh z$ との間に

$$\cosh^2 z - \sinh^2 z = 1$$

† ここで再び，絶対収束するべき級数関数の積分と極限の順序を入れ替えられる性質を用いた。

の関係式が成り立つ。双曲線関数の導関数は

$$(\cosh z)' = \sinh z, \quad (\sinh z)' = \cosh z, \quad (\tanh z)' = \frac{1}{\cosh^2 z}$$

で与えられることも容易に示すことができる。

---

**定義 2.8** （**対数関数**）　$z = e^w (\neq 0)$ の逆関数として**対数関数** $w = \log z$ を定める。また，$z = re^{i\theta}\,(-\pi < \theta < \pi)$ と極座標表示できるとき，一価関数

$$\mathrm{Log}\, z = \log r + i\theta$$

を $\log z$ の**主値**（principal value）という。

---

**例題 2.3**　つぎの関数

$$f(z) = \sum_{n=0}^{\infty} \binom{\alpha}{n} z^n, \quad \binom{\alpha}{n} = \frac{\alpha(\alpha-1)\cdots(\alpha-n+1)}{n!} \tag{2.38}$$

は，$\alpha = 0, 1, 2, \cdots$ のとき収束半径は $\infty$ で，それ以外のとき収束半径は 1 であることを示せ。

---

**証明**　$\alpha = 0, 1, 2, \cdots$ のとき，$n \geqq \alpha + 1$ に対し，$\binom{\alpha}{n} = 0$ であるから，式 (2.38) の右辺は無限級数ではなく，実際は $\alpha$ 次多項式である。よってこのとき，収束半径は $\infty$ である。

$\alpha \neq 0, 1, 2, \cdots$ のとき

$$\lim_{n\to\infty} \left|\binom{\alpha}{n}\right| \Big/ \left|\binom{\alpha}{n+1}\right| = \lim_{n\to\infty} \left|\frac{n+1}{\alpha - n}\right| = \lim_{n\to\infty} \left|\frac{1+1/n}{\alpha/n - 1}\right| = 1$$

より，収束半径は 1 である。　□

**注意 2.8**　式 (2.38) の $f(z)$ はべき関数 $(1+z)^\alpha$ に等しい。例えば，引用・参考文献2) の例題 4.5 を参照のこと。

**練習 2.3**　$\gamma \neq 0, -1, -2, \cdots$ に対し，**超幾何級数**（hypergeometric series）

$$F(\alpha, \beta, \gamma; z) = \sum_{n=0}^{\infty} \frac{(\alpha)_n(\beta)_n}{(\gamma)_n n!} z^n, \quad (\alpha)_n = \alpha(\alpha+1)\cdots(\alpha+n-1)$$

は，$\alpha = 0, -1, -2, \cdots$ または $\beta = 0, -1, -2, \cdots$ のとき収束半径が $\infty$ で，それ以外のとき収束半径が 1 であることを示せ。

## 2.3 複素関数の微分

### 2.3.1 べき級数関数の微分

**定義 2.9** 複素関数 $w = f(z)$ に対して，極限

$$\frac{dw}{dz} = \lim_{h \to 0} \frac{f(z+h) - f(z)}{h} \tag{2.39}$$

が存在するとき，$f$ は微分可能であるという。また，このとき式 (2.39) を $f$ の導関数という。

**定理 2.10** 複素関数 $f$ が微分可能であるとき，$f$ は何回でも微分可能である。特に，収束半径 $\rho$ のべき級数関数

$$f(z) = \sum_{n=0}^{\infty} a_n z^n = a_0 + a_1 z + a_2 z^2 + \cdots + a_n z^n + \cdots \tag{2.40}$$

に対して，$|z| < \rho$ で何回でも微分可能で，$|z| < \rho$ のとき

$$f'(z) = \sum_{n=1}^{\infty} n a_n z^{n-1} = a_1 + 2a_2 z + \cdots + n a_n z^{n-1} + \cdots \tag{2.41}$$

が成り立つ。

**証明** 式 (2.41) の右辺の収束半径を $\rho'$ と置くと

$$|a_n z^n| \leqq |n a_n z^{n-1}||z|$$

より，もし式 (2.41) の右辺が絶対収束するなら，式 (2.40) の右辺も絶対収束する。つまり，$0 \leqq \rho' \leqq \rho$ である。よって，もし $\rho = 0$ なら $\rho' = 0$ である。また，$\rho > 0$ のとき $0 < r < \rho$ をみたす任意の $r$ に対して，$\sum_{n=0} a_n r^n$ は絶対収束するから，任意の $n$ に対して $|a_n r^n| \leqq M$ が成り立つような正数 $M$ が存在する†。よって，$|z| < r$ に対して

$$|na_n z^{n-1}| \leqq \frac{M}{r} n \left|\frac{z}{r}\right|^{n-1}$$

より，式 (2.41) の右辺が絶対収束する。よって $\rho' = \rho$ が成り立つ。

以上で，式 (2.40) と式 (2.41) のそれぞれ右辺のべき級数関数の収束半径が等しいことが示された。これらをそれぞれ $f(z)$, $g(z)$ と置くとき，$f'(z) = g(z)$ となることはまた別に証明しなければならない。いま，$|z| < \rho$ のとき，$|z| < r < \rho$ なる $r$ に対し，$|h| < r - |z|$ ととると，$|z + h| \leqq |z| + |h| < r < \rho$ より，式 (2.40) の右辺の $z$ に $z + h$ を代入した式も絶対収束する。また，テイラーの定理より

$$(z+h)^n = z^n + nz^{n-1}h + \frac{n(n-1)}{2}(z + \theta_n h)^{n-2} h^2$$

をみたす $0 < \theta_n < 1$ が存在する。よって

$$\frac{f(z+h) - f(z)}{h} - g(z) = h \sum_{n=2}^{\infty} a_n \frac{n(n-1)}{2} (z + \theta_n h)^{n-2} \tag{2.42}$$

となる。ここで

$$\sum_{n=2}^{\infty} \left| a_n \frac{n(n-1)}{2} (z + \theta_n h)^{n-2} \right| \leqq \sum_{n=2}^{\infty} |a_n| \left| \frac{n(n-1)}{2} \right| r^{n-2} \tag{2.43}$$

であるが

$$h(z) := \sum_{n=2}^{\infty} a_n \frac{n(n-1)}{2} z^{n-2}$$

と置くと，$h(z)$ は $g(z)/2$ を項別微分したものだから，$g(z)$ と $h(z)$ の収束半径は等しい。$|r| < \rho$ より，式 (2.42)，式 (2.43) を合わせて

$$\left| \frac{f(z+h) - f(z)}{h} - g(z) \right| \leqq |h| L \tag{2.44}$$

† 定理 2.8 の証明を参照のこと。

をみたす正数 $L$ が存在する。式 (2.44) で極限 $h \to 0$ をとることにより

$$f'(z) = g(z)$$

が成り立つ。 □

---

**例 2.6** （べき級数の逆数の重要な例） $(e^z - 1)/z = 1 + z/2! + z^2/3! + \cdots + z^n/(n+1)! + \cdots$ の逆数を $\dfrac{z}{e^z - 1} = 1 + \displaystyle\sum_{n=1}^{\infty} b_n z^n$ と置くと

$$\left(1 + \frac{z}{2!} + \frac{z^2}{3!} + \cdots\right)(1 + b_1 z + b_2 z^2 + \cdots) = 1$$

より，次数の低いほうから順次係数比較して，$b_1 = -1/2$，$b_2 = 1/12$，$\cdots$ と得られる。

$$\frac{z}{e^z - 1} + \frac{z}{2} = \frac{z}{2}\frac{e^{z/2} + e^{-z/2}}{e^{z/2} - e^{-z/2}} \tag{2.45}$$

が偶関数[†]であることから，$b_{2k+1} = 0\ (k = 1, 2, 3, \cdots)$ であることがわかる。したがって

$$\frac{z}{e^z - 1} + \frac{z}{2} = 1 + \sum_{n=1}^{\infty} (-1)^{n-1} \frac{B_{2n}}{(2n)!} z^{2n} \tag{2.46}$$

と書ける。ここで，$B_{2n}$ は**ベルヌーイ数**（Bernoulli number）と呼ばれる有理数である。初めの数項は，つぎで与えられる。

$$B_2 = \frac{1}{6}, \quad B_4 = \frac{1}{30}, \quad B_6 = \frac{1}{42}, \quad B_8 = \frac{1}{30}, \quad B_{10} = \frac{5}{66}, \cdots$$

---

**例題 2.4** つぎの等式が成り立つことを示せ。

$$\frac{z}{\tan z} = 1 - \sum_{n=1}^{\infty} \frac{2^{2n} B_{2n}}{(2n)!} z^{2n}$$

---

† 高等学校の数学 III で定義済みである。知らない場合は 3 章の定義 3.3 を参照せよ。

**証明** 式 (2.45)，式 (2.46) より

$$\frac{z}{2}\frac{e^{z/2}+e^{-z/2}}{e^{z/2}-e^{-z/2}} = 1 + \sum_{n=1}^{\infty}(-1)^{n-1}\frac{B_{2n}}{(2n)!}z^{2n} \tag{2.47}$$

が成り立つ。式 (2.47) の $z$ に $2iz$ を代入すると

$$iz\frac{e^{iz}+e^{-iz}}{e^{iz}-e^{-iz}} = 1 - \sum_{n=1}^{\infty}\frac{2^{2n}B_{2n}}{(2n)!}z^{2n} \tag{2.48}$$

となる。後述の式 (A.4) によれば，式 (2.48) の左辺は $z/\tan z$ に等しいから，題意が成り立つ。 □

**練習 2.4** つぎの等式が成り立つことを示せ。

$$\tan z = \sum_{n=1}^{\infty}\frac{2^{2n}(2^{2n}-1)B_{2n}}{(2n)!}z^{2n-1}$$

### 2.3.2 コーシー・リーマンの関係式

一般の複素関数 $w=f(z)$ は，$z=x+iy$ から $w=u+iv$ への写像と考えられる。$f(z)=u(x,y)+iv(x,y)$ と見なすと

$$\frac{\partial f}{\partial x} = \frac{\partial u}{\partial x} + i\frac{\partial v}{\partial x}, \quad \frac{\partial f}{\partial y} = \frac{\partial u}{\partial y} + i\frac{\partial v}{\partial y}$$

である。また，$z=x+iy$，$\bar{z}=x-iy$ より，$x=(z+\bar{z})/2$，$y=(z-\bar{z})/2i$ である。よって

$$\begin{aligned}\frac{\partial f}{\partial z} &= \frac{\partial x}{\partial z}\frac{\partial f}{\partial x} + \frac{\partial y}{\partial z}\frac{\partial f}{\partial y} = \frac{1}{2}\frac{\partial f}{\partial x} + \frac{1}{2i}\frac{\partial f}{\partial y}\\ &= \frac{1}{2}\left(\frac{\partial u}{\partial x} + \frac{\partial v}{\partial y}\right) - \frac{i}{2}\left(\frac{\partial u}{\partial y} - \frac{\partial v}{\partial x}\right)\end{aligned} \tag{2.49}$$

である。同様にして

$$\begin{aligned}\frac{\partial f}{\partial \bar{z}} &= \frac{\partial x}{\partial \bar{z}}\frac{\partial f}{\partial x} + \frac{\partial y}{\partial \bar{z}}\frac{\partial f}{\partial y} = \frac{1}{2}\frac{\partial f}{\partial x} - \frac{1}{2i}\frac{\partial f}{\partial y}\\ &= \frac{1}{2}\left(\frac{\partial u}{\partial x} - \frac{\partial v}{\partial y}\right) + \frac{i}{2}\left(\frac{\partial u}{\partial y} + \frac{\partial v}{\partial x}\right)\end{aligned} \tag{2.50}$$

となる。

**定理 2.11**（**コーシー・リーマンの関係式**）複素関数 $f(z) = u(x, y) + iv(x, y)$ $(z = x + iy)$ が微分可能であるための必要十分条件は，つぎの**コーシー・リーマンの関係式**（Cauchy-Riemann equations）をみたすことである。

$$\frac{\partial u}{\partial x} = \frac{\partial v}{\partial y}, \quad \frac{\partial u}{\partial y} = -\frac{\partial v}{\partial x} \tag{2.51}$$

**証明**　複素関数 $f(z)$ が $z = z_0 = x_0 + iy_0$ で微分可能ならば，ある複素数 $\alpha = a + ib$ を用いて $f'(z_0) = \alpha = a + ib$ が成り立つ。このとき，$f(z) = u(x, y) + iv(x, y)$ と置くと

$$\frac{df}{dz}(z_0) = \lim_{\Delta x, \Delta y \to 0} \frac{\Delta u + i\Delta v}{\Delta x + i\Delta y} = a + ib$$

となる。この式をランダウの記号[†]を用いて書き直すと

$$\begin{aligned}\Delta u + i\Delta v &= (a + ib)(\Delta x + i\Delta y) + o(\Delta x + i\Delta y) \\ &= (a\Delta x - b\Delta y) + i(a\Delta y + b\Delta x) + o(\Delta x + i\Delta y)\end{aligned}$$

であるから

$$\frac{\partial u}{\partial x} = a = \frac{\partial v}{\partial y}, \quad \frac{\partial u}{\partial y} = -b = -\frac{\partial v}{\partial x} \tag{2.52}$$

が成り立つ。式 (2.52) はコーシー・リーマンの関係式を意味する。上の議論を逆にたどれば，コーシー・リーマンの関係式 (2.51) が成り立つとき $f(z)$ が微分可能であることがいえる。 □

**注意 2.9**　式 (2.50) により，コーシー・リーマンの関係式 (2.51) は，$\partial f / \partial \bar{z} = 0$ と等価である。また，式 (2.52) を式 (2.49) に代入すると

$$\frac{\partial f}{\partial z} = a + ib = \frac{df}{dz}$$

が成り立つ。

[†] 巻頭の本書で用いる記号 (5) 参照。

**定義 2.10**（**正則関数**）　複素平面のある領域 $D$ で定義された複素関数 $f(z)$ が**正則関数**（holomorphic function）であるとは，$D$ の各点で $f(z)$ が微分可能であることをいう。

**例 2.7**（**2 次元の水の渦なしの流れと正則関数**）　平面上の水の流れを考えよう。元々水は 3 次元の存在だが，浅い水の流れを考えるとき，垂直方向（$z$ 成分）の影響を無視することができる。

平面上の点 $\boldsymbol{r}=(x,y)$ における水の体積密度を $\rho(\boldsymbol{r})$，速度ベクトル場を $\boldsymbol{v}(\boldsymbol{r})=(a(\boldsymbol{r}),b(\boldsymbol{r}))$ と置くと，$\boldsymbol{j}(\boldsymbol{r})=\rho(\boldsymbol{r})\boldsymbol{v}(\boldsymbol{r})$ として例 1.21 とまったく同様にして連続の方程式 (1.64) が成り立つ。水は非圧縮流体[†]と見なせるから，$\rho$ は一定である。よって，水の速度ベクトル場はつぎの関係式をみたす。

$$\mathrm{div}\,\boldsymbol{v}=\frac{\partial a}{\partial x}+\frac{\partial b}{\partial y}=0 \tag{2.53}$$

さらに，水の速度ベクトル場に渦なしの条件

$$\mathrm{rot}\,\boldsymbol{v}=\frac{\partial b}{\partial x}-\frac{\partial a}{\partial y}=0 \tag{2.54}$$

を課すと，ある**速度ポテンシャル**と呼ばれるスカラー場 $\varphi(x,y)$ が存在して

$$a=\frac{\partial\varphi}{\partial x},\quad b=\frac{\partial\varphi}{\partial y} \tag{2.55}$$

が成り立つ。

一方，条件 (2.53) はある**流れ関数**と呼ばれるスカラー場 $\psi(x,y)$ が存在し

$$a=\frac{\partial\psi}{\partial y},\quad b=-\frac{\partial\psi}{\partial x} \tag{2.56}$$

が成り立つことと同じである。式 (2.55)，式 (2.56) より

$$f(x+iy)=\varphi(x,y)+i\psi(x,y)$$

† 空気のような気体は，シリンダーに閉じ込めて力を加えることにより容易に圧縮できるが，水のような液体は，圧力を加えても容易には圧縮できない。

は，コーシー・リーマンの関係式

$$\frac{\partial \varphi}{\partial x} = a = \frac{\partial \psi}{\partial y}, \quad \frac{\partial \varphi}{\partial y} = b = -\frac{\partial \psi}{\partial x}$$

をみたし，正則関数であることがわかる。

---

**定理 2.12**　$f(z)$ が複素平面のある領域 $D$ で正則関数であるとき，$f(z)$ は何回でも微分可能である。

**証明**　省略する。□

**命題 2.13**　正則関数 $f(z) = u(x, y) + iv(x, y)$ $(z = x + iy)$ の実部と虚部は，それぞれ**ラプラス方程式**（Laplace's equation）をみたす。

$$\Delta u := \frac{\partial^2 u}{\partial x^2} + \frac{\partial^2 u}{\partial y^2} = 0, \quad \Delta v := \frac{\partial^2 v}{\partial x^2} + \frac{\partial^2 v}{\partial y^2} = 0$$

ここで $\Delta := (\partial^2/\partial x^2) + (\partial^2/\partial y^2)$ は**ラプラス作用素**（Laplacian）である。

**証明**　コーシー・リーマンの関係式 (2.51) の第 1 式の両辺を $x$ で偏微分して

$$\frac{\partial^2 u}{\partial x^2} = \frac{\partial^2 v}{\partial x \partial y} \tag{2.57}$$

式 (2.51) の第 2 式の両辺を $y$ で偏微分して

$$\frac{\partial^2 u}{\partial y^2} = -\frac{\partial^2 v}{\partial y \partial x} \tag{2.58}$$

定理 2.12 より，正則関数は何回でも微分可能であるから，特に正則関数の虚部 $v$ は $C^2$ 級である。$C^2$ 級関数の 2 階偏導関数は偏微分の順序によらないから，式 (2.57) と式 (2.58) を辺々加えて $\Delta u = 0$ を得る。同様にして $\Delta v = 0$ を得る。□

---

**例題 2.5**　つぎの関数は正則かどうか調べよ。

(1)　$x^2 + iy$　　(2)　$(x^2 - y^2 + 3x) + i(2xy + 3y)$

---

**解答例** (1) 複素関数を実部と虚部に分けると，$u(x,y) = x^2$，$v(x,y) = y$ である。

$$\frac{\partial u}{\partial x} = 2x, \quad \frac{\partial v}{\partial y} = 1$$

より，$\partial u/\partial x \neq \partial v/\partial y$ である。よって，(1) は正則関数ではない。

(2) (1) と同様にして，$u(x,y) = x^2 - y^2 + 3x$，$v(x,y) = 2xy + 3y$ である。

$$\frac{\partial u}{\partial x} = 2x + 3 = \frac{\partial v}{\partial y}, \quad \frac{\partial u}{\partial y} = -2y = -\frac{\partial v}{\partial x}$$

より，コーシー・リーマンの関係式が成り立つ。よって，(2) は正則関数である。

なお，$z = x + iy$ と置くと，$(x^2 - y^2 + 3x) + i(2xy + 3y) = z^2 + 3z$ であることがわかる。 ◆

**練習 2.5** つぎの関数は正則かどうか調べよ。

$$\frac{\cosh y - \cos x}{\sin x - i \sinh y}$$

## 2.4 複素関数の積分

### 2.4.1 複素関数の線積分

実 1 変数関数の積分は，リーマン和の極限として定義されていた。これを複素 1 変数関数の場合に拡張しようとするとき，複素平面上では積分の始点と終点が決まっても，**積分路**（contour）が一意に決まらないことに気付く。複素関数のある積分路に沿った**線積分**（contour integral）をつぎのように定義する。

---

**定義 2.11** **（複素関数の線積分）** 積分路 $C$ を $z = z(t)$ $(a \leqq t \leqq b)$ とパラメータ表示する。複素関数 $f$ の曲線 $C$ に沿った線積分を

$$\int_C f(z)\,dz = \int_a^b f(z(t))\frac{dz}{dt}dt \tag{2.59}$$

により定義する。なお，式 (2.59) の右辺の積分は，リーマン積分の意味で

収束しているものとする。

**注意 2.10** 1章で平面上のベクトル場の線積分を定義した。定義1.8中の式(1.15)と定義2.11中の式(2.59)は一見すると似ているが，その内容は異なる。式(1.15)中の $\boldsymbol{A}(\boldsymbol{r})\cdot d\boldsymbol{r}$ はベクトルの内積であるが，式(2.59)中の $f(z)dz$ は単なるスカラー量の積である。

**例 2.8** 関数 $f(z)=z$ を，4点（$0$, $a$, $a+ib$, $ib$）を頂点とする長方形の辺を反時計回りに回る積分路 $C$ に沿って積分してみよう。$C$ の4辺を0から始めて反時計回りに $C_1$, $C_2$, $C_3$, $C_4$ と置く（**図 2.3**）。このとき，$f(z)=z=x+iy$ と $dz=dx+idy$ は

$C_1$ 上：$f(z)=x\,(0\leqq x\leqq a)$,　$dz=dx$

$C_2$ 上：$f(z)=a+iy\,(0\leqq y\leqq b)$,　$dz=idy$

$C_3$ 上：$f(z)=x+ib\,(a\geqq x\geqq 0)$,　$dz=dx$

$C_4$ 上：$f(z)=iy\,(b\geqq x\geqq 0)$,　$dz=idy$

である。よってつぎの結果を得る。

$$
\begin{aligned}
\int_C zdz &= \int_0^a xdx+\int_0^b (a+iy)\,idy+\int_a^0 (x+ib)\,dx+\int_b^0 (iy)\,idy\\
&= -\int_0^a ibdx+\int_0^b a\,(idy)\\
&= -\left[ibx\right]_{x=0}^{a}+\left[iay\right]_{y=0}^{b}=0
\end{aligned}
$$

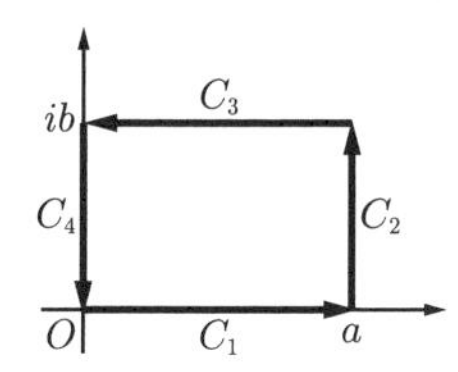


**図 2.3** 長方形の辺に沿った積分路

**例題 2.6** 例2.8と同じ積分路 $C$ に沿って，複素関数 $\bar{f}(z)=\bar{z}$ を積分せよ。

解答例　例2.8と同じ記号を用いる。$\bar{f}(z)=\bar{z}=x-iy$ と $dz=dx+idy$ は

$C_1$ 上：$\bar{f}(z) = x\,(0 \leqq x \leqq a), \quad dz = dx$
$C_2$ 上：$\bar{f}(z) = a - iy\,(0 \leqq y \leqq b), \quad dz = idy$
$C_3$ 上：$\bar{f}(z) = x - ib\,(a \geqq x \geqq 0), \quad dz = dx$
$C_4$ 上：$\bar{f}(z) = -iy\,(b \geqq x \geqq 0), \quad dz = idy$

である。よってつぎの結果を得る。

$$\begin{aligned}\int_C \bar{z}dz &= \int_0^a x\,dx + \int_0^b (a - iy)\,idy + \int_a^0 (x - ib)\,dx + \int_b^0 (-iy)\,idy \\ &= \int_0^a ib\,dx + \int_0^b a\,(idy) \\ &= [ibx]_{x=0}^a + [iay]_{y=0}^b = 2iab\end{aligned}$$

◆

**練習 2.6**　原点を中心とする半径 $r$ の円周 $C$ に反時計回りに沿って，複素関数 $z$ と $\bar{z}$ を積分せよ。

### 2.4.2　コーシーの積分定理

例 2.8 や例題 2.6，練習 2.6 の結果は，閉経路（closed contour）に沿った $z$ の積分は 0 であり，$\bar{z}$ の積分は閉経路の囲む領域の面積の $2i$ 倍に等しいことを示唆する。これを一般化したものが**グリーンの公式**（Green's formula）である。

**命題 2.14**　**（グリーンの公式）**　複素平面の領域 $D$ の境界 $C$ は，区分的 $C^1$ 級の有限個の曲線からなるとし，複素関数 $f(z) = u(x,y) + iv(x,y)$ $(z = x + iy)$ は $D \cup C$ で $C^1$ 級とする。このとき，つぎが成り立つ。

$$\oint_C f(z)\,dz = 2i \iint_D \frac{\partial f}{\partial \bar{z}} dxdy \tag{2.60}$$

**証明**　複素関数の線積分の定義により

$$\begin{aligned}\oint_C f(z)\,dz &= \oint_C (u(x,y) + iv(x,y))(dx + idy) \\ &= \oint_C (udx - vdy) + i \oint_C (udy + vdx)\end{aligned}$$

となるが，最後の式は 1 章のグリーンの定理（式 1.7）を用いると

$$\oint_C f(z)\,dz = -\int\!\!\int_D \left(\frac{\partial v}{\partial x} + \frac{\partial u}{\partial y}\right) dxdy + i\int\!\!\int_D \left(\frac{\partial u}{\partial x} - \frac{\partial v}{\partial y}\right) dxdy$$

と変形できる。この式にさらに式 (2.50) を用いて式 (2.60) を得る。 □

**定理 2.15** （コーシーの積分定理（Cauchy's integral theorem）） 複素平面の領域 $D$ の境界 $C$ は，区分的 $C^1$ 級の有限個の曲線からなるとし，複素関数 $f(z)$ が $D \cup C$ で正則であるとする。このとき，つぎが成り立つ。

$$\oint_C f(z)dz = 0 \tag{2.61}$$

証明　注意 2.9 より，$f(z)$ が正則関数ならば $\partial f/\partial \bar{z} = 0$ である。よってグリーンの公式（命題 2.14）より，式 (2.61) が成り立つ。 □

**注意 2.11** この定理により，積分路は，$f(z)$ が正則な範囲で自由に変形してよいことがわかる。

**系 2.16** （**定理 2.15 の系**） 正則関数の線積分は，始点と終点のみによって定まり，積分経路にはよらない。

証明　正則関数 $f(z)$ を，$a$ を始点とし $b$ を終点とする二つの積分経路 $C_1$，$C_2$ に沿って積分する（**図 2.4**）。このとき，$C_1$ に沿って $a$ から $b$ まで移動し，$C_2$ と逆向きに沿って $b$ から $a$ まで移動する閉経路を $C$ と置くと，定理 2.15 により，$f(z)$ の $C$ に沿った線積分は 0 である。よって

$$0 = \oint_C f(z)\,dz = \int_{C_1} f(z)\,dz - \int_{C_2} f(z)\,dz$$

より

$$\int_{C_1} f(z)\,dz = \int_{C_2} f(z)\,dz$$

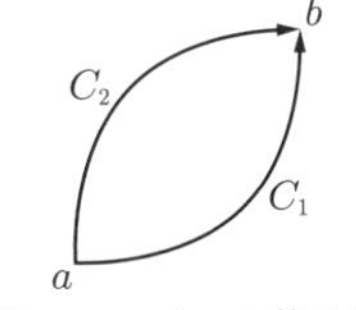

**図 2.4** 二つの積分路 $C_1$, $C_2$

が成り立つ。すなわち，$a$ を始点とし，$b$ を終点とする正則関数 $f(z)$ の線積分は，積分路にはよらない。 □

**例題 2.7**　$n \in \mathbb{Z}$ と $r > 0$ に対し，$I = \oint_{|z-a|=r} (z-a)^n dz$ を求めよ。

解答例　$z - a = re^{i\theta}$ $(0 \leqq \theta \leqq 2\pi)$ と置くと，$dz = ire^{i\theta} d\theta$ より

$$I = \int_0^{2\pi} (re^{i\theta})^n ire^{i\theta} d\theta = \begin{cases} \left[ \dfrac{r^{n+1} e^{i(n+1)\theta}}{n+1} \right]_0^{2\pi} = 0 & (n \neq -1) \\ \displaystyle\int_0^{2\pi} id\theta = 2\pi i & (n = -1) \end{cases}$$

を得る。　◆

**練習 2.7**　$a > 0$，$r > 0$，$r \neq a$ のとき，$\oint_{|z|=r} \dfrac{dz}{z-a}$ を求めよ。

### 2.4.3　コーシーの積分公式

コーシーの積分定理により，複素関数の閉曲線に沿った線積分は，積分路を正則な範囲で変形させ，$(z-a)^n$ の積分に帰着させることでほとんど計算できる。

**定理 2.17**（コーシーの積分公式（Cauchy's integral expression））　$f$ を複素平面の領域 $D$ で正則な複素関数，$C$ を $D$ 内の正の向きの閉経路，$z$ を $C$ で囲まれた領域内部の点とする。このとき，つぎが成り立つ。

$$f(z) = \oint_C \frac{f(\zeta)}{\zeta - z} \frac{d\zeta}{2\pi i} \tag{2.62}$$

証明　十分小さな正数 $\varepsilon > 0$ をとって，複素平面上の点 $z$ を中心とする半径 $\varepsilon$ の円周を $C_\varepsilon$ と置くと $C_\varepsilon \subset D$ である。また，反時計回りを正の向きとして，$C$ と $C_\varepsilon$ で囲まれた領域で被積分関数 $f(\zeta)/(\zeta - z)$ は正則関数である。よって，コーシーの積分定理（式 (2.61)）により

$$\left( \oint_C - \oint_{C_\varepsilon} \right) \frac{f(\zeta)}{\zeta - z} \frac{d\zeta}{2\pi i} = 0, \quad \oint_C \frac{f(\zeta)}{\zeta - z} \frac{d\zeta}{2\pi i} = \oint_{C_\varepsilon} \frac{f(\zeta)}{\zeta - z} \frac{d\zeta}{2\pi i}$$

が成り立つ。一方，$C_\varepsilon$ 上で $\zeta = z + \varepsilon e^{i\theta}$ と置くと，$d\zeta = i\varepsilon e^{i\theta} d\theta$ より

$$\oint_{C_\varepsilon} \frac{f(\zeta)}{\zeta - z}\frac{d\zeta}{2\pi i} = \int_0^{2\pi} \frac{f(z+\varepsilon e^{i\theta})}{\varepsilon e^{i\theta}}\frac{i\varepsilon e^{i\theta}d\theta}{2\pi i} = \int_0^{2\pi} f(z+\varepsilon e^{i\theta})\frac{d\theta}{2\pi}$$

となる。$\varepsilon \to +0$ の極限をとることにより

$$\oint_C \frac{f(\zeta)}{\zeta - z}\frac{d\zeta}{2\pi i} = \lim_{\varepsilon\to+0}\oint_{C_\varepsilon} \frac{f(\zeta)}{\zeta - z}\frac{d\zeta}{2\pi i} = f(z)$$

を得る。これは式 (2.62) を意味する。 □

定理 2.17 の系として，つぎを得る。

**系 2.18** 複素平面の領域 $D$ で正則な関数 $f(z)$ は，$C$ を $D$ 内の正の向きの閉経路として，$c \in D$ のまわりでつぎのようにべき級数展開できる。

$$f(z) = \sum_{n=0}^{\infty} a_n (z-c)^n, \quad a_n = \oint_C \frac{f(\zeta)}{(\zeta - c)^{n+1}}\frac{d\zeta}{2\pi i} \tag{2.63}$$

証明 $1/(\zeta - z)$ を $\zeta = c$ のまわりでテイラー展開すると

$$\begin{aligned}\frac{1}{\zeta - z} &= \frac{1}{(\zeta - c) - (z - c)} = \frac{1}{(\zeta - c)(1 - (z-c)/(\zeta - c))}\\ &= \frac{1}{\zeta - c} + \frac{z - c}{(\zeta - c)^2} + \frac{(z-c)^2}{(\zeta - c)^3} + \cdots = \sum_{n=0}^{\infty}\frac{(z-c)^n}{(\zeta - c)^{n+1}}\end{aligned}$$

となる。これを式 (2.62) に代入すると

$$f(z) = \sum_{n=0}^{\infty}(z-c)^n \oint_C \frac{f(\zeta)}{(\zeta - c)^{n+1}}\frac{d\zeta}{2\pi i} \tag{2.64}$$

を得る。ここで積分と $n$ に関する無限和の順序を入れ替えてよいことを用いた。式 (2.64) は式 (2.63) を意味する。 □

**定義 2.12** （**整関数**） 全複素平面 $\mathbb{C}$ で正則な関数を**整関数**（entire function）という。

**定理 2.19** （**リウヴィルの定理**（Liouville's theorem）） 有界な整関数は

定数に限る。

証明 $f(z)$ が有界であると仮定すると，ある正数 $M$ が存在して $|f(z)| < M$ が成り立つ。系 2.18 で $c = 0$ と置くと

$$f(z) = \sum_{n=0}^{\infty} a_n z^n, \quad a_n = \oint_C \frac{f(\zeta)}{\zeta^{n+1}} \frac{d\zeta}{2\pi i}$$

であるが，積分路 $C$ を $z = 0$ を中心とする半径 $R$ の円 $C_R$ にとると

$$|a_n| \leqq \oint_{C_R} \left| \frac{f(\zeta)}{\zeta^{n+1}} \frac{d\zeta}{2\pi i} \right| < \int_0^{2\pi} \frac{M}{R^{n+1}} \frac{Rd\theta}{2\pi} = \frac{M}{R^n} \tag{2.65}$$

となる。整関数の定義により，式 (2.65) で $R \to \infty$ とできるから，$n \geqq 1$ のとき $a_n = 0$ となる。これは $f(z) = a_0$ が定数であることを意味する。 □

---

**例題 2.8** **（代数学の基本定理）** 複素係数 $n$ 次多項式 $f$ は，$\mathbb{C}$ 内に重複度も込めて $n$ 個の零点，すなわち $f(c_j) = 0$ をみたす $c_j \ (j = 1, 2, \cdots, n)$ をもつことを示せ。ただし，$n \geqq 1$ であるとする。

---

証明 もし，$\mathbb{C}$ 内に一つも零点がないとすると，$1/f(z)$ は全複素平面 $\mathbb{C}$ で正則であり，$\lim_{|z| \to \infty} 1/f(z) = 0$ より有界である。よって，リウヴィルの定理により定数となる。これは $f$ が $n$ 次多項式であることに反する。

よって，ある $c \in \mathbb{C}$ に対して $f(c) = 0$ と書ける。すると因数定理より，$f(z) = (z - c)f_1(z)$（$f_1(z)$ はある $z$ の $n - 1$ 次多項式）と書ける。$n - 1 \geqq 1$ ならこの議論を繰り返して，重複度を込めて $n$ 個の零点が存在するといえる。 □

**練習 2.8** つぎの問に答えよ。

(1) $\mathrm{Re}\,(z) > 0$ ならば，$|z/(z+1)| < 1$ をみたすことを示せ。

(2) 実部がつねに正であるような整関数は，定数に限ることを示せ。

### 2.4.4 孤立特異点とローラン展開

本項では，孤立特異点のまわりのローラン展開について述べる。

---

**定義 2.13** **（孤立特異点）** 複素平面の領域 $D$ 上の関数 $f$ に対し，$c \in D$

が**孤立特異点**（isolated singularity）であるとは，十分小さい $r > 0$ に対して，$0 < |z - c| < r$ で $f$ が正則であることをいう。

**定理 2.20** $f(z)$ が $0 < |z| < R$ で正則のとき，$0 < r_1 < r_2 < R$ をみたす任意の $r_1$，$r_2$ に対し，$f(z)$ は

$$f(z) = \sum_{n=-\infty}^{\infty} a_n z^n \tag{2.66}$$

のように $r_1 \leqq |z| \leqq r_2$ で一様収束する級数に展開できる。

**証明** 証明は省略する。 □

**定義 2.14**（**ローラン展開**） 式 (2.66) で $z$ を $z - c$ に置き換えた展開式

$$f(z) = \sum_{n=-\infty}^{\infty} a_n (z - c)^n \tag{2.67}$$

を孤立特異点 $c$ のまわりの**ローラン展開**（Laurent series）という。

ローラン展開（式 (2.67)）における負べき部分

$$\sum_{n=-\infty}^{-1} a_n (z - c)^n = \cdots + \frac{a_{-2}}{(z-c)^2} + \frac{a_{-1}}{z-c}$$

を孤立特異点 $z = c$ における**主要部**（principal part）という。

定義 2.14 において，孤立特異点におけるローラン展開の主要部は，つぎの三つの場合に分類できる。

(1) 主要部が 0 のとき，$z = c$ は $f$ の**正則点**（nonsingular point）であるという。このとき，$\lim_{z \to c} f(z) = f(c)$ である（有限確定値）。

(2) $a_{-k} \neq 0$，$a_n = 0$ $(n < -k)$ が成り立つとき，$z = c$ は $f$ の $k$ 位の**極**（pole）であるという。このとき，$\lim_{z \to c} |f(z)| = \infty$ である。

(3) 主要部が無限項のとき，$z = c$ は $f$ の**真性特異点**（essential singularity）

であるという。このとき，$\lim_{z\to c} f(z)$ は存在しない（近付き方により任意の複素数値または $\infty$ に収束する)。

---

**例題 2.9**　つぎの関数の正則点以外の孤立特異点をすべて求めよ。また，求めた孤立特異点での主要部と極の位数を求めよ。

(1) $\dfrac{z}{\sin z}$　　(2) $\left(\dfrac{z+1}{z-1}\right)^2$

---

**解答例**　(1)　$z = n\pi\,(n \in \mathbb{Z})$ が分母の零点であり，$z=0$ が分子の零点だから，$z/\sin z$ の孤立特異点は $z = n\pi\,(n \in \mathbb{Z}\backslash\{0\})$ である。

$$\sin z = (-1)^n \sin(z-n\pi) = (-1)^n \left\{(z-n\pi) - \frac{1}{6}(z-n\pi)^3 + \cdots\right\}$$
$$= (-1)^n (z-n\pi)\,(1 + O(z-n\pi))$$

であるから†

$$\frac{z}{\sin z} = \frac{(z-n\pi)+n\pi}{(-1)^n(z-n\pi)} + O(z-n\pi)$$

が成り立つ。よって，$z = n\pi\,(\pm 1, \pm 2, \cdots)$ は 1 位の極であり，その主要部は $(-1)^n n\pi/(z-n\pi)$ である。

(2)　明らかに $z=1$ が唯一の孤立特異点である。また

$$\left(\frac{z+1}{z-1}\right)^2 = \left(\frac{((z-1)+2)}{z-1}\right)^2 = 1 + \frac{4}{z-1} + \frac{4}{(z-1)^2}$$

より，$z=1$ は 2 位の極であり，その主要部は $4/(z-1)^2 + 4/(z-1)$ である。

◆

**練習 2.9**　$f(z) = e^{1/z}$ に対し，つぎの性質をもつ数列 $z_n \to 0\,(n \to \infty)$ の例を挙げよ。

(1) $\lim_{n\to\infty} |f(z_n)| = \infty$　　(2) $\lim_{n\to\infty} f(z_n) = 0$

(3) 与えられた $\alpha \neq 0$ に対し，$\lim_{n\to\infty} f(z_n) = \alpha$

---

**定義 2.15**（留数）　$f(z)$ が孤立特異点 $c$ のまわりでローラン展開 $f(z) =$

---

† $O(z-n\pi)$ はランダウの記号である。巻頭の本書で用いる記号 (5) 参照。

$\displaystyle\sum_{n=-\infty}^{\infty} a_n(z-c)^n$ をもつとき

$$a_{-1} = \operatorname*{Res}_{z=c} f(z)dz$$

を $f(z)$ の $c$ における**留数**（residue）という。

---

**命題 2.21** $f(z)$ の孤立特異点 $c$ が $k$ 位の極であるとき，$f(z)$ の $c$ における留数はつぎの式で与えられる。

$$\operatorname*{Res}_{z=c} f(z)dz = \frac{1}{(k-1)!}\frac{d^{k-1}}{dz^{k-1}}(z-c)^k f(z)\bigg|_{z=c} \tag{2.68}$$

**証明** $f(z)$ の $c$ におけるローラン展開が

$$\frac{a_{-k}}{(z-c)^k} + \cdots + \frac{a_{-1}}{z-c} + a_0 + \cdots \qquad (a_{-k} \neq 0)$$

と書けるとすると，$a_{-1}$ が $f(z)$ の $c$ における留数である。

$$\begin{aligned}\frac{d^{k-1}}{dx^{k-1}}(z-c)^k f(z) &= \frac{d^{k-1}}{dx^{k-1}}\left\{a_{-k} + \cdots + a_{-1}(z-c)^{k-1} + O((z-c)^k)\right\}\\ &= (k-1)!a_{-1} + O(z-c)\end{aligned}$$

より

$$\frac{1}{(k-1)!}\frac{d^{k-1}}{dz^{k-1}}(z-c)^k f(z)\bigg|_{z=c} = a_{-1}$$

が成り立つ。これは式 (2.68) を意味する。 □

---

**例題 2.10** つぎの関数の極と留数をすべて求めよ。

(1) $\dfrac{z}{(z-1)^2}$ (2) $\dfrac{z}{e^z-1}$

---

**解答例** (1) $z=1$ は分母の 2 重の零点，すなわち，$z=1$ は $z/(z-1)^2$ の 2 位の極である。

$$\frac{d}{dz}\left((z-1)^2\frac{z}{(z-1)^2}\right)\bigg|_{z=1} = (z)'|_{z=1} = 1$$

であるから，命題 2.21 より，$z = 1$ のときの留数は 1 である。

別解　$z = 1$ のまわりのローラン展開は

$$\frac{z}{(z-1)^2} = \frac{(z-1)+1}{(z-1)^2} = \frac{1}{z-1} + \frac{1}{(z-1)^2}$$

のように書ける。よって，$z = 1$ における留数は 1 である。

(2)　$z = 2n\pi i\,(n \in \mathbb{Z})$ は分母の零点，一方，$z = 0$ は分子の零点だから，$z = 2n\pi i\,(n \in \mathbb{Z}\backslash\{0\})$ が $z/(e^z - 1)$ の 1 位の極である。

$$\lim_{z\to 2n\pi i}\frac{z(z-2n\pi i)}{e^z - 1} = 2n\pi i$$

であるから，命題 2.21 より，$z = 2n\pi i$ のときの留数は $2n\pi i$ である。ここで，$f(z) = e^z$ として

$$\lim_{n\to 2n\pi i}\frac{e^z - 1}{z - 2n\pi i} = \lim_{n\to 2n\pi i}\frac{f(z) - f(2n\pi i)}{z - 2n\pi i} = f'(2n\pi i) = (e^z)'|_{z=2n\pi i} = 1$$

であることを用いた。　◆

**練習 2.10**　つぎの関数の極と留数をすべて求めよ。

(1)　$\dfrac{1}{z^2+1}$　　(2)　$\dfrac{1}{\tan^2 \pi z}$

### 2.4.5　留数定理と定積分の計算

本項では，留数定理（residue theorem）について述べ，実用上重要である留数定理の定積分の計算への応用について，具体例を通して説明する。

**定理 2.22**　（留数定理）　$f$ は閉曲線 $C$ の内部に孤立特異点 $c_1, \cdots, c_N$ をもつほかは，$C$ の内部と周上で正則であるとき，つぎが成り立つ。

$$\oint_C f(z)\frac{dz}{2\pi i} = \sum_{j=1}^{N}\operatorname*{Res}_{z=c_j} f(z)\,dz \tag{2.69}$$

証明　十分小さな正数 $\varepsilon > 0$ をとって，点 $c_j$（$1 \leqq j \leqq N$）を中心とする半径 $\varepsilon$ の円周を $C_j$（$1 \leqq j \leqq N$）と置くと，$C_j$ の周上および内部に $c_j$ 以外の孤立

特異点が存在しないようにすることができる。コーシーの積分公式（式 (2.62)）の証明と同様に，式 (2.69) の左辺の積分を，各 $C_j$ に沿った積分の和の形に変形する。

$$\oint_C f(z)\frac{dz}{2\pi i} = \sum_{j=1}^{N}\oint_{C_j} f(z)\frac{dz}{2\pi i} \tag{2.70}$$

各 $z = c_j$ におけるローラン展開を

$$f(z) = \sum_{n=-\infty}^{\infty} a_n^{(j)}(z - c_j)^n$$

とすると，例題 2.7 より

$$\oint_{C_j} f(z)\frac{dz}{2\pi i} = a_{-1}^{(j)} = \operatorname*{Res}_{z=c_j} f(z)\,dz \tag{2.71}$$

である。式 (2.70) と式 (2.71) を合わせて式 (2.69) を得る。 □

---

**例 2.9** $I = \displaystyle\int_0^{\infty} \frac{\sin x}{x} dx$ を求めよう。$I$ は広義積分である。ただし

$$\lim_{x\to 0}\frac{\sin x}{x} = 1$$

であるので，$x = 0$ においては被積分関数は発散していないが，後の都合上

$$I(\varepsilon, R) = \int_{\varepsilon}^{R} \frac{\sin x}{x} dx$$

と置いて，$\varepsilon \to +0$，$R \to +\infty$ とする。ここで，$\sin x = (e^{ix} - e^{-ix})/2i$ より

$$I(\varepsilon, R) = \int_{\varepsilon}^{R} \frac{e^{ix} - e^{-ix}}{2ix} dx = \left(\int_{\varepsilon}^{R} + \int_{-R}^{-\varepsilon}\right)\frac{e^{ix}}{2ix} dx \tag{2.72}$$

となる。

複素関数 $f(z) = e^{iz}/2iz$ を図 **2.5** の経路に沿って，$C_1, C_2, \cdots, C_6$ の順に積分してみよう。すると，$I(\varepsilon, R)$ は $f(z)$ の $C_1$ および $C_3$ に沿った積分の和である。ただし，$R' > R$ であると仮定する。

$C_2$ 上の積分は，$z = \varepsilon e^{i\theta}$ と置くと，つぎのようになる。

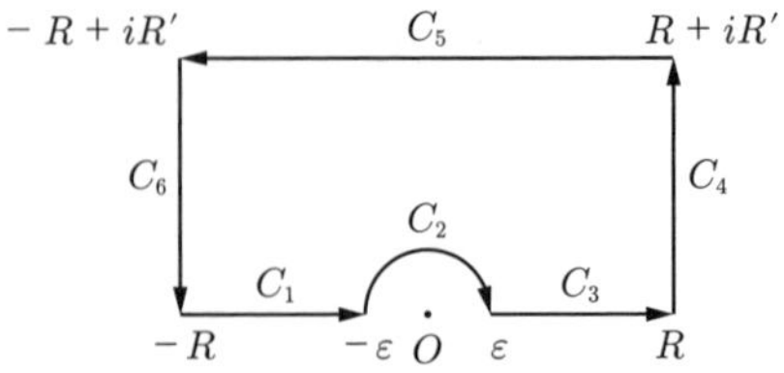

図 **2.5**　例 2.9 の積分路

$$\int_{C_2} f(z)\,dz = \int_{\pi}^{0} \frac{e^{i\varepsilon e^{i\theta}}}{2i\varepsilon e^{i\theta}} i\varepsilon e^{i\theta} d\theta \to -\frac{\pi}{2} \quad (\varepsilon \to +0) \tag{2.73}$$

一方，$C_4$，$C_5$，$C_6$ に沿った積分は $R' > R \to +\infty$ の極限で 0 になることを示そう。$C_4$ 上では $z = R + iy$ と置いて

$$\left|\int_{C_4} f(z)\,dz\right| = \left|\int_0^{R'} \frac{e^{iR-y}}{2i(R+iy)} i dy\right|$$
$$\leq \int_0^{R'} \frac{e^{-y}}{2R} dy = \frac{1-e^{-R'}}{2R} \to 0 \tag{2.74}$$

となる。$C_6$ に沿った積分も同様である。$C_5$ 上では，$z = x + iR'$ と置いて

$$\left|\int_{C_5} f(z)\,dz\right| = \left|\int_R^{-R} \frac{e^{ix-R'}}{2i(x+iR')} dx\right|$$
$$\leq \int_{-R}^{R} \frac{e^{-R'}}{2R'} dx = \frac{Re^{-R'}}{R'} \to 0 \tag{2.75}$$

ここで，式 (2.74) と式 (2.75) の極限は，ともに $R$ を固定して $R' \to +\infty$ の極限をとったうえで，$R \to +\infty$ の極限をとったものである。また，この積分路に囲まれた領域に特異点はないから

$$\int_{C_1+\cdots+C_6} f(z)\,dz = 0 \tag{2.76}$$

である。よって，式 (2.72)〜式 (2.76) を合わせて，$I = \pi/2$ を得る。

---

**例 2.10**　$0 < b < a$ のとき，$I = \displaystyle\int_{-\pi}^{\pi} \frac{d\theta}{a + b\cos\theta}$ を求めよう。

$z = e^{i\theta}$ と置くと，$\theta$ が $[-\pi, \pi]$ を動くとき，$z$ は複素平面内の単位円 $|z| = 1$ 上を動く。複素平面内の単位円上を反時計回りに回る閉経路を $C$ と置くと，$\cos\theta = (e^{i\theta} + e^{-i\theta})/2 = (z + z^{-1})/2$，$dz = ie^{i\theta} d\theta = iz\,d\theta$ より

$$I = \oint_C \frac{1}{a + b(z + z^{-1})/2} \frac{dz}{iz} = \oint_C \frac{2dz}{i(bz^2 + 2az + b)} \tag{2.77}$$

となる。ここで，$\alpha_\pm = (-a \pm \sqrt{a^2 - b^2})/b$ と置くと，$bz^2 + 2az + b = b(z - \alpha_+)(z - \alpha_-)$ と因数分解できる。根と係数の関係より $\alpha_+\alpha_- = 1$ であるから，$|\alpha_+| < 1 < |\alpha_-|$ が成り立つ。すなわち，閉経路 $C$ 内に式 (2.77) の被積分関数の極は $z = \alpha_+$ のみである。よって，つぎの結果を得る。

$$I = 2\pi i \operatorname*{Res}_{z=\alpha_+} \frac{2dz}{ib(z - \alpha_+)(z - \alpha_-)} = \frac{4\pi}{b(\alpha_+ - \alpha_-)} = \frac{2\pi}{\sqrt{a^2 - b^2}}$$

---

**注意 2.12**　微分積分の入門書などでは，$t = \tan(\theta/2)$ と変数変換して $I$ の値を求めるのが通例である。例 2.10 の解答例は，被積分関数の原始関数を求めることにより定積分の値を計算する方法の別解を与えている。

---

**例題 2.11**　$I = \displaystyle\int_0^\infty \frac{x^{m-1}}{1 + x^n} dx$ を求めよ（$0 < m < n$ は整数）。

---

解答例　$f(z) = z^{m-1}/(1 + z^n)$ を図 **2.6** の扇形（中心角 $2\pi/n$）の経路に沿って積分しよう。

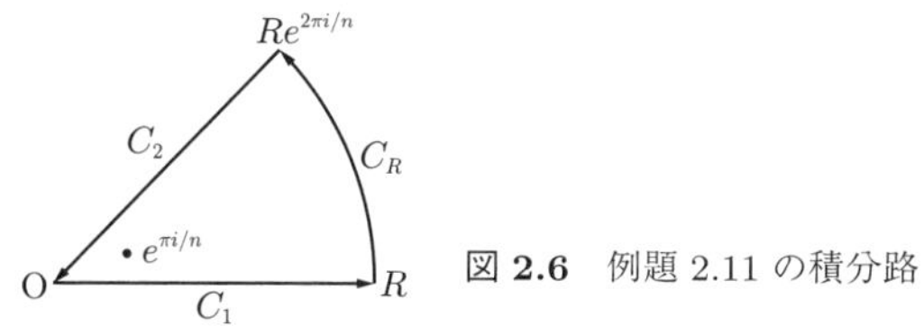


図 **2.6**　例題 2.11 の積分路

$C_1$ 上では $z = x$，$C_2$ 上では $z = e^{2\pi i/n}x$ と置けるから

$$\left(\int_{C_1} + \int_{C_2}\right) f(z)\, dz = \int_0^R \frac{(1 - e^{2\pi i m/n})x^{m-1}}{1 + x^n} dx \tag{2.78}$$

となる。ここで，$C_1$ 上では $dz = dx$，$C_2$ 上では $dz = e^{2\pi i/n}dx$ であることに注意しなければならない。

一方，$C_R$ 上では $z = Re^{i\theta}$ と置けるから

$$\left|\int_{C_R} f(z)\, dz\right| \leq \int_0^{2\pi/n} \left|\frac{(Re^{i\theta})^{m-1}}{1 + (Re^{i\theta})^n} iRe^{i\theta}\right| d\theta$$

$$\leq \int_0^{2\pi/n} \frac{R^m}{R^n - 1} d\theta = \frac{2\pi R^m}{n(R^n - 1)} \to 0 \quad (R \to +\infty) \tag{2.79}$$

となる。

閉経路 $C_1 + C_R + C_2$ 内で，$f(z)$ は $z = e^{\pi i/n}$ に唯一の極をもつ†。そこで，$f(z)$ の $z = e^{\pi i/n}$ における留数を求めよう。$f(z)$ の分母が $1 + z^n = (z - e^{\pi i/n})g(z)$ のように因数分解できたとすると

$$\operatorname*{Res}_{z=e^{\pi i/n}} f(z)\,dz = \frac{e^{\pi i(m-1)/n}}{g(e^{\pi i/n})} \tag{2.80}$$

となる。ここで，$h(z) = 1 + z^n$ と置くと

$$g(z) = \frac{1 + z^n}{z - e^{\pi i/n}} = \frac{h(z) - h(e^{\pi i/n})}{z - e^{\pi i/n}} \tag{2.81}$$

である。式 (2.81) の両辺で $z \to e^{\pi i/n}$ の極限をとることにより，$h'(z) = nz^{n-1}$ を用いて

$$g(e^{\pi i/n}) = h'(e^{\pi i/n}) = ne^{\pi i(n-1)/n} = -ne^{-\pi i/n} \tag{2.82}$$

を得る。よって，式 (2.80) と式 (2.82) より

$$\operatorname*{Res}_{z=e^{\pi i/n}} f(z)\,dz = \frac{e^{\pi i(m-1)/n}}{-ne^{-\pi i/n}} = -\frac{e^{\pi im/n}}{n}$$

留数定理により

$$\left(\int_{C_1} + \int_{C_R} + \int_{C_2}\right) f(z)\,dz = -\frac{2\pi i e^{\pi im/n}}{n} \tag{2.83}$$

となる。

式 (2.83) で $R \to +\infty$ の極限をとることにより，式 (2.78) と式 (2.79) と合わせて

$$(1 - e^{2\pi im/n})I = -\frac{2\pi i e^{\pi im/n}}{n}$$

を得る。これより，$I = \dfrac{\pi}{n\sin(m\pi/n)}$ を得る。　◆

**注意 2.13**　巻末の引用・参考文献2) では，$n = 2, 3, 4$，$m = 1$ の場合に被積分関数の原始関数を求めることにより，$I$ の値を計算した。例題 2.11 は，原始関数を経由しないで定積分を計算する方法の一つである。

---

† $z^n = e^{\pi i} = -1$ より従う。

**練習 2.11** $0 < \alpha < 1$ のとき，$I = \displaystyle\int_0^\infty \frac{x^{\alpha-1}}{1+x}dx$ を求めよ。

## 2.5 無限遠点とリーマン球面

本節では，複素平面 $\mathbb{C}$ に新たに無限遠点 $\infty$ を付け加えて，リーマン球面を構成する。

---

**定義 2.16** （**リーマン球面**） 原点を中心とする単位球面を考え，その赤道面を複素平面 $\mathbb{C}$ と見なす。$\mathbb{C}$ 上の任意の点 $z = x + iy$ と南極点 $S(0, 0, -1)$ を直線で結ぶと，球面上のもう 1 点 $P(X, Y, Z)$ と交わる。このとき

$$X = \frac{2x}{1+|z|^2}, \quad Y = \frac{2y}{1+|z|^2}, \quad Z = \frac{1-|z|^2}{1+|z|^2} \tag{2.84}$$

となる。この $1:1$ 対応で，$|z| \to \infty$ とすれば，対応する点 $P$ は南極点 $S$ に近付く。そこで，南極点 $S$ を**無限遠点** $\infty$ と呼ぶ。また，対応式 (2.84) によって，$\mathbb{C}$ を球面の部分集合と見なす。この球面を**リーマン球面**（Riemann sphere）といい，$\mathbb{P}^1 = \mathbb{C} \sqcup \{\infty\}$ と記す。

---

**例題 2.12** $\mathbb{C}$ 上の任意の点 $z = x + iy$ と南極点 $S(0, 0, -1)$ を直線で結ぶとき，その直線と球面上の $S$ 以外の交点 $P(X, Y, Z)$ の座標が式 (2.84) で与えられることを示せ。また，対応式 (2.84) が $1:1$ 対応であることを示せ。

---

**証明** 南極点 $S(0, 0, -1)$ と赤道面上の点 $(x, y, 0)$ を通る直線の方程式は，パラメータ $t$ を用いて

$$(X, Y, Z) = (0, 0, -1) + t(x, y, 1) = (tx, ty, t-1) \tag{2.85}$$

と書ける[†]。式 (2.85) で与えられる点 $(X, Y, Z)$ が単位球面 $X^2 + Y^2 + Z^2 = 1$

---

[†] 式 (2.85) は $t = 0$ のとき，$(X, Y, Z) = (0, 0, -1)$，すなわち南極点 $S$，$t = 1$ のとき，$(X, Y, Z) = (x, y, 0)$ である。

上にあるという条件から

$$(tx)^2 + (ty)^2 + (t-1)^2 = (x^2 + y^2 + 1)t^2 - 2t + 1 = 1$$

これを解いて $t = 0$, $t = 2/(x^2 + y^2 + 1) = 2/(1 + |z|^2)$ を得る。$t = 0$ は南極点 $S$ に対応した交点を与えているから，$S$ 以外の交点を与えるのは $t = 2/(1 + |z|^2)$ のほうである。これを式 (2.85) に代入して式 (2.84) を得る。

式 (2.85) より，$t = 1 + Z$ である。また，式 (2.85) により $X = tx$, $Y = ty$ であり，これに $t = 1 + Z$ を代入することにより

$$x = \frac{X}{1+Z}, \quad y = \frac{Y}{1+Z} \quad (X^2 + Y^2 + Z^2 = 1) \tag{2.86}$$

を得る。これは対応式 (2.84) が逆に，$Z \neq -1$ のとき式 (2.86) のように解けることを意味するから，対応式 (2.84) は 1 : 1 対応である。 □

**練習 2.12**　対応式 (2.84) に関して，つぎの問に答えよ。

(1)　$z = 0$ は単位球面上のどの点と対応するか。

(2)　$|z| < 1$ は単位球面上のどの領域と対応するか。

無限遠点 $\infty$ での様子を見るには，$w = 1/z$ という変数に移るとわかりやすい。無限遠点 $\infty$ の近傍とは $w$ 平面における 0 での近傍である。

---

**定義 2.17**　**（無限遠点での座標と留数）**　無限遠点 $z = \infty$ における留数をつぎのように定義する。

$$\operatorname*{Res}_{z=\infty} f(z)\,dz = \operatorname*{Res}_{w=0} f\left(\frac{1}{w}\right) d\left(\frac{1}{w}\right) = -\operatorname*{Res}_{w=0} f\left(\frac{1}{w}\right)\frac{dw}{w^2} \tag{2.87}$$

---

**注意 2.14**　式 (2.87) で定義された $z = \infty$ における留数は，関数 $f(1/w)$ の $w = 0$ における留数ではない。じつは，$|z| > R$ で，$f(z) = \displaystyle\sum_{n=-\infty}^{\infty} a_n z^n$ とローラン展開できるとき，$0 < r < 1/R$ として

$$\begin{aligned}\operatorname*{Res}_{z=\infty} f(z)\,dz &= -\oint_{|w|=r} f\left(\frac{1}{w}\right)\frac{dw}{2\pi i w^2}\\ &= -\sum_{n=-\infty}^{\infty}\oint_{|w|=r}\frac{a_n}{w^{n+2}}\frac{dw}{2\pi i} = -a_{-1}\end{aligned}$$

と書ける。また，この結果は，つぎのように書き直すことができる。

$$\operatorname*{Res}_{z=\infty} f(z)\,dz = -\oint_{|z|=1/r} f(z)\frac{dz}{2\pi i} \tag{2.88}$$

**定義 2.18**　（無限遠点における主要部）$|z| > R$ で $f(z) = \sum_{n=-\infty}^{\infty} a_n z^n$ とローラン展開できるとき，$z=\infty$ における主要部を $f(z) = \sum_{n=1}^{\infty} a_n z^n$ により定める。

**例題 2.13**　関数 $f(z) = (z^4 + z^2 + 1)/(z-1)^2$ の $z=\infty$ での主要部と留数を求めよ。

解答例　関数 $f(z)$ は

$$f(z) = z^2 + 2z + 4 + \frac{6z-3}{(z-1)^2} = z^2 + 2z + 4 + \frac{6z-3}{z^2}\left(1 + O\left(\frac{1}{z}\right)\right)$$

と書き直せるから，その $z=\infty$ での主要部は $z^2+2z$，留数は $-6$ である。◆

**練習 2.13**　関数 $f(z) = (z^2+1)^2/(z^2+z+1)$ の $z=\infty$ での主要部と留数を求めよ。

**命題 2.23**　有理関数 $f(z)$ の $\mathbb{P}^1$ 上の留数の総和は 0 に等しい。

$$\sum_{\alpha=c_1,\cdots,\,c_N,\,\infty} \operatorname*{Res}_{z=\alpha} f(z)\,dz = 0 \tag{2.89}$$

証明　$c_1, \cdots, c_N$ すべてを含む十分大きい円 $C : |z| = R$ に沿って有理関数 $f(z)/2\pi i$ を積分すると，留数定理（定理 2.22）により

$$\oint_C f(z)\frac{dz}{2\pi i} = \sum_{\alpha=c_1,\cdots,\,c_N} \operatorname*{Res}_{z=\alpha} f(z)\,dz$$

となる。これと式 (2.88) を合わせて，式 (2.89) を得る。□

# 章　末　問　題

【1】 つぎの (1)〜(4) の複素数を，$a+bi$（$a$，$b$ は実数）の形に書き直せ。

(1) $e^{-i\pi/3}$　(2) $e^{\pi i}$　(3) $\left(\cos\dfrac{\pi}{12}+i\sin\dfrac{\pi}{12}\right)^2$

(4) $e^{2\pi i/5}+e^{4\pi i/5}+e^{6\pi i/5}+e^{8\pi i/5}$

【2】 つぎの関数の極をすべて求め，各極のまわりのローラン展開の主要部を求めよ。また，各極における留数を求めよ。

(1) $\dfrac{\pi}{\tan\pi z}$　(2) $\dfrac{1}{\sin^2 z}$　(3) $\dfrac{\tan z}{z^2}$　(4) $\dfrac{z^2}{(z^2-1)^3}$

【3】 つぎの定積分を求めよ。ただし，(1) では $a>b>0$，(4) では $a,b>0$ とする。

(1) $\displaystyle\int_0^{2\pi}\frac{d\theta}{a+b\sin\theta}$　(2) $\displaystyle\int_{-\infty}^{\infty}\frac{dx}{(1+x^2)^2}$

(3) $\displaystyle\int_0^{\infty}\sin(x^2)dx$　(4) $\displaystyle\int_{-\infty}^{\infty}\frac{\cos bx}{x^2+a^2}dx$

【4】 つぎの問に答えよ。

(1) $N$ を $|z|<N$ をみたす自然数とし，複素平面上の 4 点 $(N+1/2)(1+i)$，$(N+1/2)(-1+i)$，$(N+1/2)(-1-i)$，$(N+1/2)(1-i)$ をそれぞれ P，Q，R，S とする。正方形 PQRS を反時計回りに回る閉経路を $C$ とするとき，つぎの等式を示せ。

$$\lim_{N\to\infty}\oint_C\frac{d\zeta}{(\zeta-z)\tan\pi\zeta}=0$$

(2) (1) を用いてつぎの等式を示せ。

$$\frac{\pi}{\tan\pi z}=\frac{1}{z}+\sum_{n=1}^{\infty}\frac{2z}{z^2-n^2}$$

(3) (2) を用いてつぎの等式を示せ。

$$\sum_{n=1}^{\infty}\frac{1}{n^{2m}}=\frac{2^{2m-1}B_{2m}}{(2m)!}\pi^{2m}$$

ただし，$B_{2m}$ $(m\in\mathbb{N})$ はベルヌーイ数を表すとする。

# 3 フーリエ解析

本章で学ぶフーリエ解析には，実関数のフーリエ級数とフーリエ変換およびその複素関数版が含まれる。フーリエ解析は，数理物理学の具体的な問題に端を発し，現在では古典解析学の華へと成長した分野である。

フーリエ級数は，フランスの数学者ジョセフ・フーリエによって，金属板中の熱伝導方程式に関する研究の中で導入された。熱伝導方程式の解が，三角関数の級数で表されることを示したのである。

フーリエは，1822 年出版の著書『熱の解析的理論』の中で，どんな関数も三角関数の級数で書けると主張した。彼の主張は 19 世紀の数学に，積分や無限級数の収束などの問題を提起した。結果として，フーリエの理論はそれを正当化する試みの過程で，解析学の厳密化をもたらした。

フーリエ変換は，実空間における関数を波数空間における関数へ，時刻に関する関数を周波数に関する関数へ移す変換である。電気工学，音響学，光学，信号処理，量子力学および X 線 CT や MRI などの画像処理工学など幅広い分野で用いられている。

本章では三角関数の積分の復習から入り，フーリエ解析の基礎を与える三角関数の直交性について説明するところから始める。ディラックのデルタ関数については，本書で必要な範囲内で導入した。これらの準備をしたうえで，フーリエ級数，複素フーリエ級数，フーリエ変換，複素フーリエ変換の順に説明していく。章の最後には，実用上重要な計算法として，離散フーリエ変換と高速フーリエ変換のアルゴリズムを紹介する。

## 3.1　三角関数の積分と直交性

三角関数 $\sin x$, $\cos x$ を 1 周期にわたって積分すると 0 になる。それはもちろん

$$\int_{-\pi}^{\pi} \sin x \, dx = [-\cos x]_{-\pi}^{\pi} = 0, \quad \int_{-\pi}^{\pi} \cos x \, dx = [\sin x]_{-\pi}^{\pi} = 0$$

のように計算でも確かめられる。しかしながら，積分の意味（符号付きの面積）を考えれば明らかであろう。実際，例えば $y = \sin x$ のグラフにおいて，区間 $[0, \pi]$ の $x$ 軸を含め $x$ 軸より上の部分の面積と，区間 $[0, -\pi]$ の $x$ 軸を含め $x$ 軸より下の部分の面積は等しい。（図 **3.1**）。

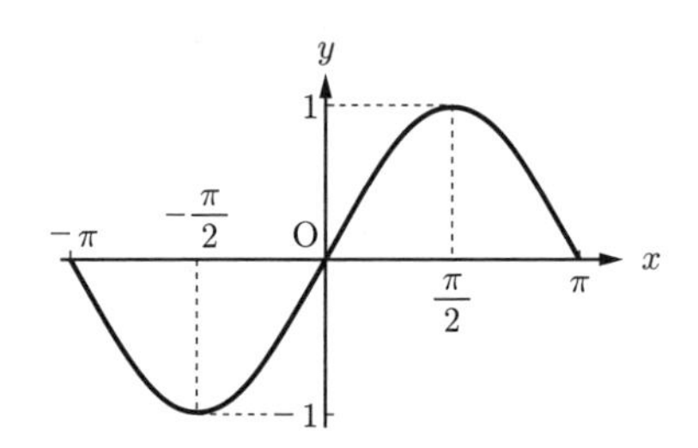


図 **3.1**　$y = \sin x$ のグラフ

まったく同じ理由で，$n = 1, 2, 3, \cdots$ に対し

$$\int_{-\pi}^{\pi} \sin nx \, dx = 0, \quad \int_{-\pi}^{\pi} \cos nx \, dx = 0 \tag{3.1}$$

が成り立つ。なお，$\sin 0x = \sin 0 = 0$ だが，$\cos 0x = \cos 0 = 1$ であるから，後で $\cos nx$ の形の三角関数を考えるときは $n = 0, 1, 2, 3, \cdots$ として考える。$\sin nx$ については $n = 1, 2, 3, \cdots$ のみ考える。よって，$n = 0$ の場合も含めて式 (3.1) はつぎのように書くことができる。

$$\int_{-\pi}^{\pi} \sin nx \, dx = 0, \quad \int_{-\pi}^{\pi} \cos nx \, dx = \begin{cases} 2\pi & (n = 0) \\ 0 & (n = 1, 2, 3, \cdots) \end{cases} \tag{3.2}$$

つぎに，半角公式

$$\sin^2 x = \frac{1-\cos 2x}{2}, \quad \cos^2 x = \frac{1+\cos 2x}{2} \tag{3.3}$$

を用いて，$\sin^2 x$，$\cos^2 x$ を区間 $[-\pi, \pi]$ にわたって積分すると

$$\begin{cases} \displaystyle\int_{-\pi}^{\pi} \sin^2 x\,dx = \left[\frac{x}{2} - \frac{\sin 2x}{4}\right]_{-\pi}^{\pi} = \pi \\ \displaystyle\int_{-\pi}^{\pi} \cos^2 x\,dx = \left[\frac{x}{2} + \frac{\sin 2x}{4}\right]_{-\pi}^{\pi} = \pi \end{cases} \tag{3.4}$$

となる。積分区間 $[-\pi, \pi]$ の長さ $2\pi$ に対して積分（面積）が $\pi$ なので，$\sin^2 x$，$\cos^2 x$ の「平均」が 1/2 であると考えられる。$y = \sin^2 x$ と $x$ 軸との間の面積は，**図 3.2** の網掛け部分の面積に等しいからである。

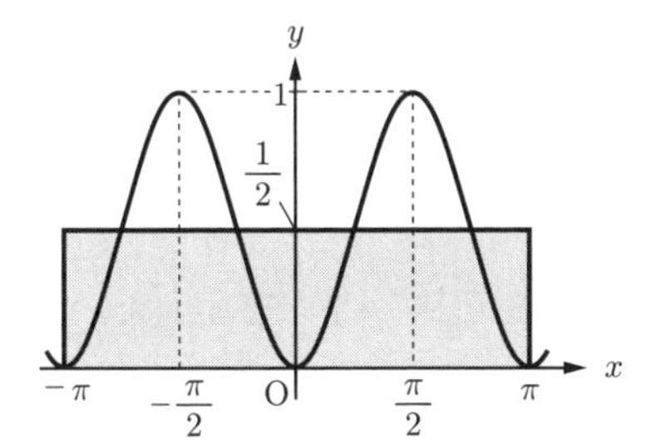


**図 3.2**　$y = \sin^2 x$ のグラフ

つぎに，三角関数系 $\{\sin mx, \cos nx\}_{m=1,2,3,\cdots;n=0,1,2,3,\cdots}$ の二つの関数の積の積分を考える。そのため積和公式を思い出そう。

$$\begin{cases} \sin mx \cos nx = \dfrac{1}{2}(\sin(m-n)x + \sin(m+n)x) \\ \sin mx \sin nx = \dfrac{1}{2}(\cos(m-n)x - \cos(m+n)x) \\ \cos mx \cos nx = \dfrac{1}{2}(\cos(m-n)x + \cos(m+n)x) \end{cases} \tag{3.5}$$

積和公式 (3.5) と積分公式 (3.2) により，一般につぎが成り立つ。

$$\int_{-\pi}^{\pi} \sin mx \cos nx\,dx = 0 \tag{3.6 a}$$

$$\int_{-\pi}^{\pi} \sin mx \sin nx\,dx = \begin{cases} 0 & (m \neq n) \\ \pi & (m = n = 1, 2, 3, \cdots) \end{cases} \tag{3.6 b}$$

$$\int_{-\pi}^{\pi} \cos mx \cos nx \, dx = \begin{cases} 0 & (m \neq n) \\ \pi & (m = n = 1, 2, 3, \cdots) \\ 2\pi & (m = n = 0) \end{cases} \tag{3.6 c}$$

**命題 3.1**　区間 $I = [-\pi, \pi]$ で定義された関数 $f(x)$ が，$\cos nx$ $(n = 0, 1, 2, \cdots, N)$，$\sin nx$ $(n = 1, 2, \cdots, N)$ の 1 次結合で

$$f(x) = \frac{a_0}{2} + \sum_{n=1}^{N} (a_n \cos nx + b_n \sin nx) \tag{3.7}$$

と書けるとき，係数 $a_n$，$b_n$ はつぎの式で与えられる。

$$\begin{cases} a_n = \dfrac{1}{\pi} \displaystyle\int_{-\pi}^{\pi} f(x) \cos nx \, dx & (n = 0, 1, 2, \cdots, N) \\ b_n = \dfrac{1}{\pi} \displaystyle\int_{-\pi}^{\pi} f(x) \sin nx \, dx & (n = 1, 2, \cdots, N) \end{cases} \tag{3.8}$$

証明　関数 $f(x)$ は式 (3.7) のように表されているので連続関数である。よって，$f(x)$ と $\cos nx$ $(n = 0, 1, 2, \cdots, N)$ との積も $I$ 上可積分であり，式 (3.6 a)，式 (3.6 c) より

$$\int_{-\pi}^{\pi} f(x) \cos nx \, dx = a_n \pi \tag{3.9}$$

が成り立つ。同様にして，$f(x)$ と $\sin nx$ $(n = 1, 2, \cdots, N)$ との積も $I$ 上可積分であり，式 (3.6 a)，式 (3.6 b) より

$$\int_{-\pi}^{\pi} f(x) \sin nx \, dx = b_n \pi \tag{3.10}$$

が成り立つ。よって，式 (3.8) を得る。　□

後述するオイラーの関係式(A.1)より，三角関数 $\{\cos mx, \sin nx\}_{0 \leqq m \leqq N, 1 \leqq n \leqq N}$ の 1 次結合で書ける関数は，指数関数 $\{e^{inx}\}_{-N \leqq n \leqq N}$ の 1 次結合で書けることを意味する。

**系 3.2** （命題 **3.1** の系） 区間 $I = [-\pi, \pi]$ で定義された複素数値関数 $f(x)$ が，$e^{inx}$ $(n = 0, \pm 1, \pm 2, \cdots, \pm N)$ の 1 次結合で

$$f(x) = \sum_{n=-N}^{N} c_n e^{inx} \tag{3.11}$$

と書けるとき，係数 $c_n$ はつぎの式で与えられる。

$$c_n = \frac{1}{2\pi} \int_{-\pi}^{\pi} f(x) e^{-inx} dx \quad (n = 0, \pm 1, \pm 2, \cdots, \pm N) \tag{3.12}$$

証明　例題 3.1 を参照のこと。 □

---

**例題 3.1**　系 3.2 を証明せよ。

---

証明　まず，$m \neq n$ のとき

$$\int_{-\pi}^{\pi} e^{imx} e^{-inx} dx = \left[ \frac{e^{i(m-n)x}}{i(m-n)} \right]_{-\pi}^{\pi} = 0$$

また，$m = n$ のとき

$$\int_{-\pi}^{\pi} e^{imx} e^{-inx} dx = [x]_{-\pi}^{\pi} = 2\pi$$

が成り立つ。すなわち

$$\int_{-\pi}^{\pi} e^{imx} e^{-inx} dx = \begin{cases} 2\pi & (m = n) \\ 0 & (m \neq n) \end{cases} \tag{3.13}$$

である。よって $f(x)$ と $e^{-inx}$ の積を $I$ 上積分すると，式 (3.13) より

$$\int_{-\pi}^{\pi} f(x) e^{-inx} dx = 2\pi c_n \tag{3.14}$$

を得る。これは式 (3.12) を意味する。 □

**練習 3.1**　$f(x)$ が実数値関数のとき，系 3.2 を命題 3.1 から証明せよ。またこのとき，$c_{-n} = \overline{c_n}$ が成り立つことを示せ。

## 3.2　ディラックのデルタ関数

本節では，$x \neq 0$ で値が 0 であり，実軸上で積分すると 1 に等しい「関数」（正しくは**超関数**（hyper function））であるディラックの**デルタ関数**（Dirac's delta function）を導入する。

---

**定義 3.1**（**デルタ関数**）　つぎの性質をみたす超関数をデルタ関数といい，$\delta(x)$ と記す。

$$\delta(x) = 0 \quad (x \neq 0), \quad \int_{-\infty}^{\infty} \delta(x)\, dx = 1 \tag{3.15}$$

---

デルタ関数は直感的にはつぎの関数

$$f(x) = \begin{cases} 0 & (|x| > h) \\ \dfrac{1}{2h} & (-h \leqq x \leqq h) \end{cases}$$

で $h \to 0$ の極限をとったものに近い（図 **3.3**）。

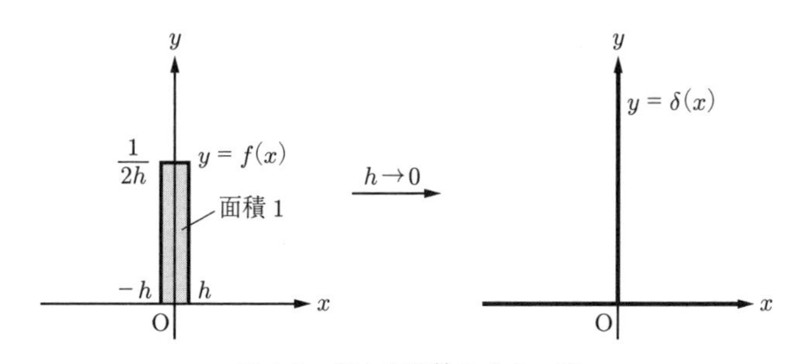


**図 3.3**　デルタ関数のイメージ

また，任意の連続関数 $f(x)$ に対し

$$\int_{-\infty}^{\infty} f(x)\delta(x-a)\, dx = f(a) \tag{3.16}$$

が成り立つ。

よく使う積分公式をまとめておこう。

$$\int_{-\infty}^{\infty} \frac{\sin x}{x} dx = \pi \tag{3.17}$$

$$\int_{-\infty}^{\infty} e^{-ax^2} dx = \sqrt{\frac{\pi}{a}} \tag{3.18}$$

積分公式 (3.17) は例 2.9 より，ガウス積分公式と呼ばれる公式 (3.18) は後述の定理 A.3 より，それぞれ証明されている。

**命題 3.3**（デルタ関数の極限を用いた表式） つぎの各式は，デルタ関数の定義（定義 3.1）中の式 (3.15) をみたす。

(1) $\delta(x) = \lim_{\alpha\to\infty} \frac{\sin \alpha x}{\pi x}$

(2) $\delta(x) = \lim_{\alpha\to\infty} \frac{\alpha}{\pi(1+\alpha^2 x^2)}$

(3) $\delta(x) = \lim_{\alpha\to\infty} \sqrt{\frac{\alpha}{\pi}} e^{-\alpha x^2}$

**証明** (1) 普通の関数としては成り立たないが，超関数としては $x \neq 0$ に対して $\lim_{\alpha\to\infty} \sin \alpha x = 0$ であることが知られている[†1]。また，式 (3.17) より

$$\int_{-\infty}^{\infty} \frac{\sin \alpha x}{\pi x} dx = \int_{-\infty}^{\infty} \frac{\sin y}{\pi (y/\alpha)} \frac{dy}{\alpha} = 1$$

となる[†2]から，(1) は式 (3.15) をみたす（図 **3.4**）。

(2) $x \neq 0$ のとき

$$\lim_{\alpha\to\infty} \frac{\alpha}{\pi(1+\alpha^2 x^2)} = \lim_{\alpha\to\infty} \frac{1}{\pi(1/\alpha + \alpha x^2)} = 0$$

であり

$$\int_{-\infty}^{\infty} \frac{\alpha}{\pi(1+\alpha^2 x^2)} dx = \left[\frac{1}{\pi} \tan^{-1} \alpha x\right]_{-\infty}^{\infty} = 1$$

となるから，(2) は式 (3.15) をみたす。

---

[†1] その証明は本書の程度を超えるので省略する。

[†2] 最初の等式では $y = \alpha x$ と変数変換した。

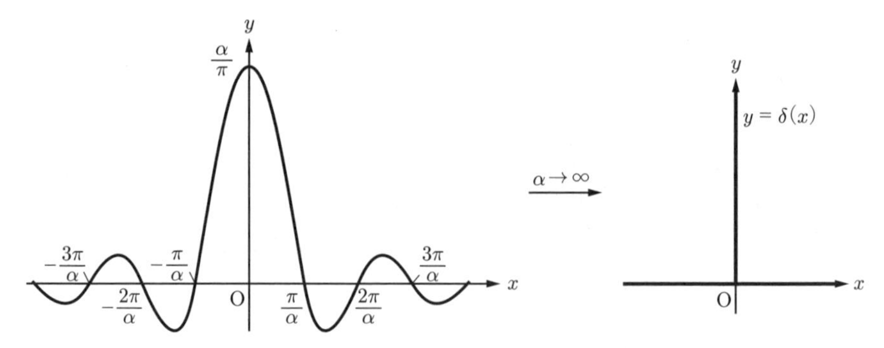


図 3.4　$y = \sin \alpha x/\pi x$ のグラフとデルタ関数

(3)　$x \neq 0$ のとき

$$\lim_{\alpha \to \infty} \sqrt{\frac{\alpha}{\pi}} e^{-\alpha x^2} = 0$$

であり，式 (3.18) より

$$\int_{-\infty}^{\infty} \sqrt{\frac{\alpha}{\pi}} e^{-\alpha x^2} dx = 1$$

となるから，(3) は式 (3.15) をみたす。□

---

**例題 3.2**　$H(x) = \displaystyle\int_{-\infty}^{x} \delta(t)\,dt$ と定義すると，つぎが成り立つことを示せ。

$$H(x) = \begin{cases} 1 & (x > 0) \\ 0 & (x < 0) \end{cases} \tag{3.19}$$

---

**証明**　$x < 0$ のとき，デルタ関数の定義により，$t \leqq x$ で $\delta(t) = 0$ であるから

$$H(x) = \int_{-\infty}^{x} \delta(t)\,dt = \int_{-\infty}^{x} 0\,dt = 0$$

が成り立つ。一方，$x > 0$ のとき

$$H(x) = \int_{-\infty}^{x} \delta(t)\,dt = \int_{-\infty}^{\infty} \delta(t)\,dt - \int_{x}^{\infty} \delta(t)\,dt = 1 - 0 = 1$$

が成り立つ。ここで，最後から 2 番目の等式で，式 (3.15) の第 2 式と，$t \geqq x (> 0)$ で $\delta(t) = 0$ であることを用いた。□

**注意 3.1**　微分積分学の基本定理より，例題 3.2 の $H(x)$ の導関数はデルタ関数である。

$$H'(x) = \delta(x)$$

この関数 $H(x)$ をヘヴィサイドのステップ関数（Heaviside's step function）という（図 **3.5**）。

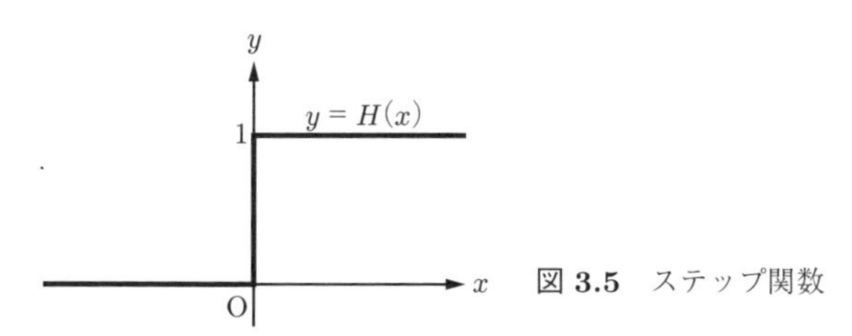


図 **3.5**　ステップ関数

**練習 3.2**　符号関数 $\operatorname{sign} x = \begin{cases} +1 & (x > 0) \\ 0 & (x = 0) \\ -1 & (x < 0) \end{cases}$ に対して，$(\operatorname{sign} x)' = 2\delta(x)$ が成り立つことを示せ。

## 3.3　フーリエ級数

**フーリエ級数**（Fourier series）とは，周期 $2\pi$ の周期関数 $f(x)$ を，やはり周期 $2\pi$ の三角関数 $\sin nx$，$\cos nx$（$n = 0, 1, 2, \cdots$）で展開したものである。具体例としては，音（空気の振動）を，基本音，倍音，3 倍音，4 倍音などに分解することなどがある。

---

**定義 3.2**（フーリエ係数・フーリエ級数）　区間 $I = [-\pi, \pi]$ で可積分な関数 $f(x)$ に対し

$$\begin{cases} a_n = \dfrac{1}{\pi} \displaystyle\int_{-\pi}^{\pi} f(x) \cos nx \, dx \quad (n = 0, 1, 2, \cdots) \\ b_n = \dfrac{1}{\pi} \displaystyle\int_{-\pi}^{\pi} f(x) \sin nx \, dx \quad (n = 1, 2, \cdots) \end{cases} \tag{3.20}$$

により定義される $a_n$，$b_n$ を $f(x)$ の**第 $n$ フーリエ係数**という。

また，$a_n$，$b_n$ を係数とするつぎの三角級数を $f(x)$ の**フーリエ級数**という。

$$S[f](x) = \frac{a_0}{2} + \sum_{n=1}^{\infty}(a_n \cos nx + b_n \sin nx) \tag{3.21}$$

---

**注意 3.2**　フーリエ級数は可積分な関数 $f$ に対して定義できるが，本章では実用上，$C^1$ 級関数（微分可能で $f'$ が連続である関数）に限定して話を進める。以下で述べるリーマン・ルベーグの補題なども広く可積分な関数 $f$ に対して成り立つが，簡単のため $f$ は $C^1$ 級であることを仮定している。

**補題 3.4**　**（リーマン・ルベーグの補題**（Riemann-Lebesgue's lemma)）
区間 $[a, b]$（$a < b$）上 $C^1$ 級関数 $f$ に対し，つぎが成り立つ。

$$\lim_{\alpha\to\infty}\int_a^b f(x)\sin\alpha x\,dx = 0, \quad \lim_{\alpha\to\infty}\int_a^b f(x)\cos\alpha x\,dx = 0 \tag{3.22}$$

証明　$I_\alpha := \int_a^b f(x)\sin\alpha x\,dx$ と置くと

$$I_\alpha = \left[-f(x)\frac{\cos\alpha x}{\alpha}\right]_a^b + \int_a^b f'(x)\frac{\cos\alpha x}{\alpha}dx$$

であるから

$$0 \leqq |I_\alpha| \leqq \frac{1}{\alpha}\left\{|f(a)| + |f(b)| + \int_a^b |f'(x)|dx\right\} \to 0 \quad (\alpha\to\infty)$$

より第 1 式が成り立つ。ここで，$|\cos\alpha x| \leqq 1$ であることと，$f'$ が連続なので $|f'|$ が $[a, b]$ 上可積分であることを用いた。第 2 式も同様である。　□

**系 3.5**　**（補題 3.4 の系）**　区間 $I = [-\pi, \pi]$ 上 $C^1$ 級関数 $f$ に対し，$a_n$，$b_n$ を式 (3.20) により定義される第 $n$ フーリエ係数とすると，つぎが成り立つ。

$$\lim_{n\to\infty} a_n = 0 = \lim_{n\to\infty} b_n \tag{3.23}$$

証明　定義 3.2 と補題 3.4 より明らかである。　□

**命題 3.6** 区間 $I=[-\pi,\pi]$ 上周期 $2\pi$ の $C^1$ 級関数 $f$ に対し，$f$ の導関数 $f'$ のフーリエ係数 $a'_n$，$b'_n$ は $f$ のフーリエ級数 $a_n$，$b_n$ を用いて

$$a'_n = nb_n, \quad b'_n = -na_n \tag{3.24}$$

と表せる。

証明 定義式 (3.20) の $f$ に $f'$ を代入して

$$\begin{cases} a'_n = \dfrac{1}{\pi}\displaystyle\int_{-\pi}^{\pi} f'(x)\cos nx\,dx & (n=0,1,2,\cdots) \\ b'_n = \dfrac{1}{\pi}\displaystyle\int_{-\pi}^{\pi} f'(x)\sin nx\,dx & (n=1,2,\cdots) \end{cases}$$

である。第 1 式を部分積分して

$$\begin{aligned} a'_n &= \frac{1}{\pi}\int_{-\pi}^{\pi} f'(x)\cos nx\,dx \\ &= \frac{1}{\pi}\left([f(x)\cos nx]_{-\pi}^{\pi} - \int_{-\pi}^{\pi} f(x)(-n\sin nx)dx\right) = nb_n \end{aligned}$$

を得る。最後の等式で，$f(\pi)=f(-\pi)$ である[†]ことを用いた。$b'_n=-na_n$ も同様にして得られる。 □

**定理 3.7** 区間 $I=[-\pi,\pi]$ 上 $C^1$ 級関数 $f$ に対し，$f$ のフーリエ級数 $S[f]$ は $I$ 上のすべての点で収束し

$$S[f](x) = \begin{cases} f(x) & (-\pi < x < \pi) \\ \dfrac{f(\pi)+f(-\pi)}{2} & (x=\pm\pi) \end{cases} \tag{3.25}$$

が成り立つ。

証明 フーリエ級数の第 $N$ 項までの部分和を $S_N$ と置く。

$$S_N[f](x) = \frac{a_0}{2} + \sum_{n=1}^{N}(a_n\cos nx + b_n\sin nx) \tag{3.26}$$

[†] $f$ が周期 $2\pi$ の周期関数であることから成り立つ。

すると $-\pi < x < \pi$ のとき，証明すべき式は

$$\lim_{N\to\infty}(S_N[f](x) - f(x)) = 0 \tag{3.27}$$

である。

式 (3.26) に式 (3.20) を代入すると[†1]

$$\begin{aligned} S_N[f](x) &= \frac{1}{2\pi}\int_{-\pi}^{\pi} f(y)\,dy + \frac{1}{\pi}\sum_{n=1}^{N}\int_{-\pi}^{\pi} f(y)(\cos ny\cos nx + \sin ny\sin nx)\,dy \\ &= \frac{1}{2\pi}\int_{-\pi}^{\pi} f(y)\,dy + \frac{1}{\pi}\sum_{n=1}^{N}\int_{-\pi}^{\pi} f(y)\cos n(y-x)\,dy \end{aligned}$$

となる。ここで $y - x = \theta$ と変数変換すると，$y$ に関する積分区間 $[-\pi, \pi]$ が $\theta$ に関する積分区間 $[-\pi - x, \pi - x]$ に置き換わることに注意して

$$S_N[f](x) = \frac{1}{2\pi}\int_{-\pi-x}^{\pi-x} f(x+\theta)D_n(\theta)\,d\theta \tag{3.28}$$

となる。ここで，$D_N(\theta)$ は**ディリクレ核**といい

$$D_N(\theta) = 1 + 2\sum_{n=1}^{N}\cos n\theta = \sum_{n=-N}^{N} e^{in\theta} \tag{3.29}$$

と書ける[†2]。式 (3.29) は等比数列の和公式を用いて

$$\begin{aligned} D_N(\theta) &= \frac{e^{-iN\theta}(1 - e^{i(2N+1)\theta})}{1 - e^{i\theta}} \\ &= \frac{e^{-i(N+1/2)\theta} - e^{i(N+1/2)\theta}}{e^{-i\theta/2} - e^{i\theta/2}} = \frac{\sin(N+1/2)\theta}{\sin\theta/2} \end{aligned} \tag{3.30}$$

を得る。また，$D_N(\theta)$ の定義式 (3.29) より

$$\frac{1}{2\pi}\int_{-\pi}^{\pi} D_N(\theta)\,d\theta = \frac{1}{2\pi}\left[\theta + 2\sum_{n=1}^{N}\frac{\sin n\theta}{n}\right]_{-\pi}^{\pi} = 1 \tag{3.31}$$

が成り立っていることに注意する。すると式 (3.30)，式 (3.28)，式 (3.31) より

$$S_N[f](x) - f(x) = \frac{1}{2\pi}\int_{-\pi-x}^{\pi-x} \frac{f(x+\theta) - f(x)}{\sin(\theta/2)}\sin\left(N + \frac{1}{2}\right)\theta\,d\theta \tag{3.32}$$

---

[†1] ただし，定義式 (3.20) 中の $x$ は積分変数なので $y$ に置き換えた。式 (3.26) 中の $x$ と混同しないためである。

[†2] 式 (3.29) の第 2 の等式は $2\cos n\theta = e^{in\theta} + e^{-in\theta}$ より成り立つ。

となるが

$$F(\theta) := \frac{f(x+\theta) - f(x)}{\sin(\theta/2)}, \quad \alpha = N + \frac{1}{2} \tag{3.33}$$

と置けば，リーマン・ルベーグの補題（補題3.4）が適用できる。実際，$-\pi < x < \pi$ のとき，$-2\pi < -\pi - x < 0$，$0 < \pi - x < 2\pi$ であるから，$\theta \neq 0$ では $F(\theta)$ の分母は $\sin(\theta/2) \neq 0$ であり，$\theta = 0$ では $\theta \to 0$ の極限をとることにより $F(0) = 2f'(x)$ となるから $F(\theta)$ は定義されており，また $[-\pi - x, \pi - x]$ で $F(\theta)$ が $C^1$ 級であることは明らかだからである。よって，式 (3.32) で $N \to \infty$ の極限をとることにより式 (3.27) が示された。

つぎに $x = -\pi$ のときを考えよう。このとき示すべき式は

$$\lim_{N\to\infty} \left( S_N[f](-\pi) - \frac{f(\pi) + f(-\pi)}{2} \right) = 0 \tag{3.34}$$

である。$-\pi < x < \pi$ のときと同様にして

$$S_N[f](-\pi) - \frac{f(\pi) + f(-\pi)}{2} = \frac{1}{4\pi} \int_0^{2\pi} \frac{2f(-\pi+\theta) - f(-\pi) - f(\pi)}{\sin(\theta/2)} \sin\left(N + \frac{1}{2}\right)\theta \, d\theta \tag{3.35}$$

となる。ここで積分区間を $[0, \pi]$，$[\pi, 2\pi]$ に分割し，区間 $[\pi, 2\pi]$ では $2\pi - \theta$ をあらためて $\theta$ と置く積分変換を施すと，$\sin(2\pi - \theta)/2 = \sin(\theta/2)$，$\sin(N + 1/2)(2\pi - \theta) = \sin(N + 1/2)\theta$ であることに注意して

$$\text{式 (3.35)} = \frac{1}{2\pi} \int_0^{\pi} \frac{f(-\pi+\theta) + f(\pi-\theta) - f(-\pi) - f(\pi)}{\sin(\theta/2)} \sin\left(N + \frac{1}{2}\right)\theta \, d\theta$$

となる。

$$G(\theta) := \frac{f(-\pi+\theta) + f(\pi-\theta) - f(-\pi) - f(\pi)}{\sin(\theta/2)}$$

は，$\theta \to 0$ の極限をとることにより $G(0) = 2(f'(-\pi) - f'(\pi))$ となり，$G(\theta)$ は $C^1$ 級である。よってリーマン・ルベーグの補題（補題3.4）により，$N \to \infty$ で式 (3.35) $\to 0$ となって，式 (3.34) が成り立つ。$x = \pi$ のときも同様である。 □

**注意 3.3** $f(x)$ が周期 $2\pi$ の周期関数のとき，$f(-\pi) = f(\pi)$ より，$x = \pm\pi$ においても $S[f](x) = f(x)$ が成り立つ（式 (3.25) 参照）。

**注意 3.4**　証明は省略するが，定理 3.7 は区分的 $C^1$ 級関数，すなわち区間 $I$ の有限個の点以外で $C^1$ 級である関数 $f$ に対してつぎの形で成り立つ。

$$S[f](x) = \frac{f(x+0)+f(x-0)}{2}, \quad f(x\pm 0) := \lim_{h\to\pm 0} f(x+h) \tag{3.36}$$

---

**例題 3.3**　式 (3.33) で定義された $F(\theta)$ に対し

$$\lim_{\theta\to 0} F(\theta) = 2f'(x)$$

が成り立つことを示せ。

---

証明　$f'$ の定義および三角関数に関する極限公式

$$\lim_{\theta\to o} \frac{\sin\theta}{\theta} = 1$$

を用いて

$$\lim_{\theta\to 0} F(\theta) = \lim_{\theta\to 0} \frac{f(x+\theta)-f(x)}{\theta}\frac{2(\theta/2)}{\sin(\theta/2)} = 2f'(x)$$

を得る。　□

**練習 3.3**　式 (3.28) は $x > 0$ のとき

$$\begin{cases} S_N[f](x) = \dfrac{1}{2\pi}\displaystyle\int_{-\pi}^{\pi} f_c(x+\theta)D_N(\theta)\,d\theta \\ f_c(x) = \begin{cases} f(x) & (-\pi \leqq x \leqq \pi) \\ f(x-2\pi) & (\pi < x) \end{cases} \end{cases} \tag{3.37}$$

のように書くことができることを示せ。

---

**定義 3.3**　（偶関数と奇関数）　関数 $f(x)$ が偶関数であるとは，$f(-x) = f(x)$ が成り立つことをいう。また，関数 $f(x)$ が奇関数であるとは，$f(-x) = -f(x)$ が成り立つことをいう。

---

**例 3.1** $x^{2n}$，$\cos nx$ は偶関数である。$x^{2n+1}$，$\sin nx$ は奇関数である。

**命題 3.8** 区間 $I=[-\pi,\pi]$ 上 $C^1$ 級関数 $f(x)$ が偶関数のとき

$$a_n = \frac{2}{\pi}\int_0^{\pi} f(x)\cos nx\,dx, \quad b_n = 0$$

$f(x)$ が奇関数のとき

$$b_n = \frac{2}{\pi}\int_0^{\pi} f(x)\sin nx\,dx, \quad a_n = 0$$

が成り立つ。

**証明** 式 (3.20) で積分を区間 $[-\pi,0]$ と区間 $[0,\pi]$ とに分け，区間 $[-\pi,0]$ で $-x$ を $x$ と置く変数変換を行うと，$f(x)$ が偶関数のときは

$$a_n = \frac{1}{\pi}\int_0^{\pi}(f(-x)+f(x))\cos nx\,dx = \frac{2}{\pi}\int_0^{\pi} f(x)\cos nx\,dx$$
$$b_n = \frac{1}{\pi}\int_0^{\pi}(-f(-x)+f(x))\sin nx\,dx = 0$$

を得る。ここで，$\cos(-nx)=\cos nx$，$\sin(-nx)=-\sin nx$ などを用いた。$f(x)$ が奇関数のときは

$$a_n = \frac{1}{\pi}\int_0^{\pi}(f(-x)+f(x))\cos nx\,dx = 0$$
$$b_n = \frac{1}{\pi}\int_0^{\pi}(-f(-x)+f(x))\sin nx\,dx = \frac{2}{\pi}\int_0^{\pi} f(x)\sin nx\,dx$$

を得る。 □

**例 3.2** $f(x) = \begin{cases} x & (-\pi < x < \pi) \\ 0 & (x = \pm\pi) \end{cases}$ のとき，$f(x)$ のフーリエ級数を求めよう。$f(x)$ は奇関数だから $a_n = 0$ である。また

$$b_n = \frac{2}{\pi}\int_0^{\pi} x\sin nx\,dx = \left[\frac{2x}{\pi}\left(-\frac{\cos nx}{n}\right)\right]_0^{\pi} + \int_0^{\pi}\left(\frac{2x}{\pi}\right)'\frac{\cos nx}{n}dx$$
$$= \frac{2(-1)^{n-1}}{n} + \left[\frac{2}{\pi}\frac{\sin nx}{n^2}\right]_0^{\pi} = \frac{2(-1)^{n-1}}{n}$$

よって，$f(x)$ のフーリエ級数は

$$S[f](x) = x = \sum_{n=1}^{\infty}\frac{2(-1)^{n-1}}{n}\sin nx \tag{3.38}$$

となる。式 (3.38) の両辺に $x = \pi/2$ を代入して，**マーダヴァ・ライプニッツ級数**（Madhava-Leibniz series）を得る。

$$\frac{\pi}{2} = 2\sum_{n=0}^{\infty}\frac{(-1)^n}{2n+1} = 2\left(1 - \frac{1}{3} + \frac{1}{5} - \frac{1}{7} + \cdots\right)$$

---

**注意 3.5**　定理 3.7 および注意 3.3 により，フーリエ級数の部分和 $S_N[f](x)$ は，各点 $x$ で $f(x)$ に収束する。しかし，例 3.2 の関数 $f(x)$ に対し，**図 3.6** の $S_N[f](x)$ のグラフの形状は，全体として $f(x)$ に収束するようには見えない。このことを，$S_N[f](x)$ は $f(x)$ に**一様収束**しないという。また，$f(x)$ の不連続点付近での $f(x)$ と $S_N[f](x)$ の乖離を**ギブス現象**（Gibbs phenomenon）という。

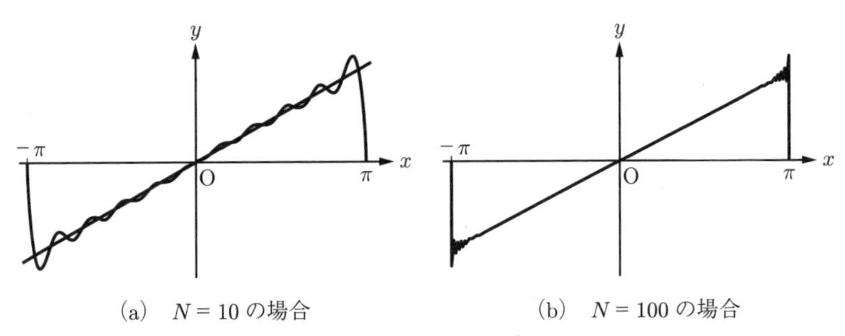


(a)　$N = 10$ の場合　　(b)　$N = 100$ の場合

**図 3.6**　$y = x$ とそのフーリエ級数の部分和 $S_N[x]$

これをもう少し詳しく見てみよう。以下，$x > 0$ と仮定する。式 (3.31) と式 (3.37) より，$f(x) = x$（$-\pi < x < \pi$）のとき

$$S_N[f](x) - f(x) = \frac{1}{2\pi}\int_{-\pi}^{\pi}(f_c(x+\theta) - f(x))D_N(\theta)\,d\theta$$

$$= \frac{1}{2\pi}\left(\int_{-\pi}^{\pi-x} \theta D_N(\theta)\,d\theta + \int_{\pi-x}^{\pi} (\theta - 2\pi) D_N(\theta)\,d\theta\right)$$
$$= \frac{1}{2\pi}\int_{-\pi}^{\pi} \theta D_N(\theta)\,d\theta - \int_{\pi-x}^{\pi} D_N(\theta)\,d\theta$$

となる。この式の右辺の第1項は，$D(-\theta) = D(\theta)$ より $\theta D_N(\theta)$ が奇関数なので0である。第2項は式 (3.31) と $D(-\theta) = D(\theta)$ より

$$\int_0^{\pi} D_N(\theta)d\theta = \pi$$

となるので結局

$$S_N[f](x) - f(x) = -\pi + \int_0^{\pi-x} D_N(\theta)d\theta \tag{3.39}$$

を得る。式 (3.39) より

$$\frac{d}{dx}(S_N[f] - f)(x) = -D_N(\pi - x) = -\frac{\sin{(N+1/2)}\,(\pi - x)}{\sin((\pi - x)/2)} \tag{3.40}$$

となるが，式 (3.40)$=0$ と置くと，$\pi - x = \pi/(N+1/2)$ のとき $S_N[f](x) - f(x)$ が最大値

$$\begin{aligned}\max{(S_N[f] - f)(x)} &= -\pi + \int_0^{\pi/(N+1/2)} \frac{\sin{(N+1/2)}\,\theta}{\sin\theta/2} d\theta \\ &= -\pi + \int_0^{\pi} \frac{\sin x}{(N+1/2)\sin(x/(2N+1))} dx \\ &\to\ -\pi + 2\int_0^{\pi} \frac{\sin x}{x} dx \quad (N \to \infty)\end{aligned} \tag{3.41}$$

をとる[†]。式 (3.41) の積分を数値計算することにより

$$\lim_{N\to\infty} \max{(S_N[f] - f)(x)} \approx 0.17898\pi \tag{3.42}$$

を得る。

**注意 3.6**　注意 3.5 の結果は，連続関数 $f$ に対して $S[f](x) = f(x)$ が成り立つこと，すなわち式 (3.27) と矛盾しないのだろうか。じつは式 (3.27) は各点収束といって，各 $x$ に対して $N$ を十分大きくとれば，$S_N[f](x) - f(x)$ がいくらでも小さくなることを主張しているにすぎない。つまり，$N$ を十分大きくとるといっても，どのくらい大きくするのかが $x$ の値によって変化しても構わないということである。

---

† 式 (3.41) の最後の行は，積分と極限の順序を入れ替えられる（証明略）ことに注意すると，$\lim_{N\to\infty} (N+1/2)\sin(x/(2N+1)) = x/2$ より得られる。

一方，式 (3.42) で $S_N[f](x)-f(x)$ が最大値をとるのは $x=\pi-\pi/(N+1/2)$ のときであり，$N\to\infty$ で $x\to\pi$ である。$x=\pi$ のときは，式 (3.38) より $S[f](\pi)=0=f(\pi)$ が成り立っている。また，$x=\pi-\delta$ で $\delta>0$ が小さいときでも，$N\to\infty$ の極限を先にとることにより $S_N(x)\to f(x)$ が成り立つのである。

ところで，式 (3.42) のようなフーリエ級数と元の関数のギャップが残るのは，$f(x)$ が $x=\pm\pi$ で不連続であるのに，連続関数である三角関数の級数によって展開しようとするために起こると考えられる。

---

**例題 3.4**　式 (3.42) の左辺を $c\pi$ と書くとき，$c$ を小数第 3 位で四捨五入すると，0.18 となることを示せ。

---

**証明**　注意 3.5 より

$$c=\frac{1}{\pi}\lim_{N\to\infty}\max\left(S_N[f]-f\right)(x)=-1+\frac{2}{\pi}\int_0^{\pi}\frac{\sin x}{x}dx$$

である。$\sin x$ のテイラー展開式 (A.3) より，$x>0$ のとき

$$\frac{\sin x}{x}=\sum_{n=0}^{4}\frac{(-1)^n x^{2n}}{(2n+1)!}+R_5,\quad R_5=-\frac{\cos c(x)}{11!}x^{10}\quad(0<c(x)<x)$$

であるから

$$\begin{aligned}
c&=-1+\frac{2}{\pi}\int_0^{\pi}\left(\sum_{n=0}^{4}\frac{(-1)^n x^{2n}}{(2n+1)!}+R_5\right)dx\\
&=-1+\frac{2}{\pi}\left(\sum_{n=0}^{4}\frac{(-1)^n \pi^{2n+1}}{(2n+1)(2n+1)!}+\int_0^{\pi}R_5dx\right)\\
&=1-\frac{\pi^2}{9}+\frac{\pi^4}{300}-\frac{\pi^6}{17640}+\frac{\pi^8}{1632960}+\frac{2}{\pi}\int_0^{\pi}R_5\,dx \qquad (3.43)
\end{aligned}$$

を得る。$\pi^2=9.8696044\cdots$，$\pi^4=97.409091\cdots$，$\pi^6=961.38919\cdots$，$\pi^8=9488.531\cdots$ を代入すると，式 (3.43) の $0\leqq n\leqq 4$ までの和は $0.17938\cdots$ となる。また，剰余項の積分は

$$\frac{2}{\pi}\left|\int_0^{\pi}R_5dx\right|\leqq\frac{2}{\pi}\int_0^{\pi}\frac{x^{10}}{11!}dx=\frac{2\pi^{10}}{11\cdot 11!}=0.000426\cdots$$

より

$$0.17938-0.00043<c<0.17939+0.00043,\quad 0.17895<c<0.17982$$

を得る。よって，$c$ を小数第3位で四捨五入して得られる値は 0.18 である[†]。 □

**練習 3.4** $0 \leqq x \leqq 1$ を定義域とする関数列

$$f_n(x) = \begin{cases} 4n^2 x & (0 \leqq x < 1/2n) \\ -4n^2 x + 4n & (1/2n \leqq x < 1/n) \\ 0 & (1/n \leqq x \leqq 1) \end{cases}$$

を考える。このとき，$\lim_{n\to\infty} f_n(x)$ を求めよ。また，区間 $[0,1]$ 上の積分と $n \to \infty$ の極限の順序を

$$\lim_{n\to\infty} \int_0^1 f_n(x)\,dx = \int_0^1 \lim_{n\to\infty} f_n(x)\,dx$$

のように交換可能かどうか確かめよ。

---

**例題 3.5** $f(x) = |x|\ (-\pi \leqq x \leqq \pi)$ のフーリエ級数 $S[f](x)$ を求めよ。

---

解答例 $f(x)$ は偶関数だから $b_n = 0$ である。また

$$a_0 = \frac{2}{\pi}\int_0^{\pi} x dx = \frac{1}{\pi}\left[x^2\right]_0^{\pi} = \pi$$

$$a_n = \frac{2}{\pi}\int_0^{\pi} x\cos nx dx = \left[\frac{2x}{\pi}\frac{\sin nx}{n}\right]_0^{\pi} - \int_0^{\pi}\left(\frac{2x}{\pi}\right)'\frac{\sin nx}{n}dx$$

$$= \left[\frac{2}{\pi}\frac{\cos nx}{n^2}\right]_0^{\pi} = \frac{2}{\pi}\frac{(-1)^n - 1}{n^2} = \begin{cases} -\dfrac{4}{n^2\pi} & (n = 1, 3, 5, \cdots) \\ 0 & (n = 2, 4, 6, \cdots) \end{cases}$$

よって，$f(x)$ のフーリエ級数は

$$S[f](x) = |x| = \frac{\pi}{2} - \frac{4}{\pi}\sum_{n=1}^{\infty}\frac{1}{(2n-1)^2}\cos(2n-1)x \tag{3.44}$$

を得る。フーリエ級数の部分和のグラフは図 **3.7** を参照のこと。 ◆

---

[†] なお，この解答例の数値計算は Excel® 2013 を用いて行った。また，式 (3.42) で $c \approx 0.17898$ と求めたのも，同様の数値計算を $n = 6$ まで実行し，7 次剰余項の積分の大きさを評価した結果である。

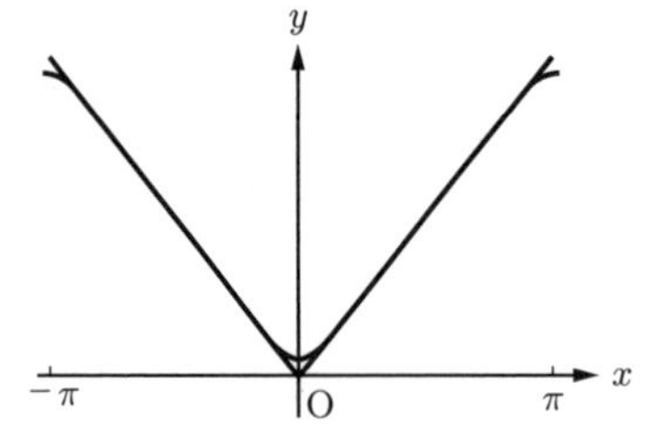


(a)　部分和$(N=3)$のグラフ

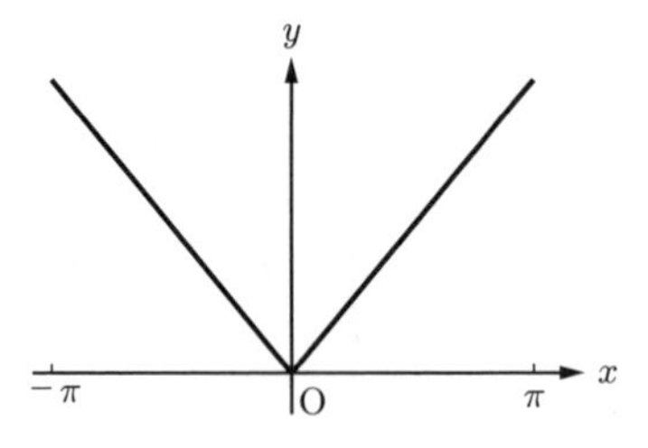


(b)　部分和$(N=19)$のグラフ

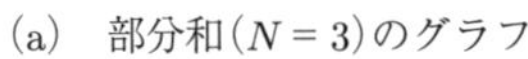

**図 3.7**　$y=|x|$ とそのフーリエ級数の部分和 $S_N[|x|]$

**注意 3.7**　式 (3.44) の両辺に $x=0$ を代入して

$$0=\frac{\pi}{2}-\frac{4}{\pi}\sum_{n=1}^{\infty}\frac{1}{(2n-1)^2}$$

これはつぎの**オイラーの解**（Euler's solution）を意味する。

$$\frac{\pi^2}{8}=\sum_{n=1}^{\infty}\frac{1}{(2n-1)^2}=1+\frac{1}{3^2}+\frac{1}{5^2}+\frac{1}{7^2}+\cdots \tag{3.45}$$

**練習 3.5**　$g(x)=\operatorname{sign} x=\begin{cases}+1 & (0<x<\pi)\\ 0 & (x=0,\pm\pi)\\ -1 & (-\pi<x<0)\end{cases}$ のフーリエ級数 $S[g](x)$ を求めよ。また，例題 3.5 で求めたフーリエ級数 $S[f](x)$ を項別微分することにより，$S[g](x)$ が得られることを確かめよ。

---

**例題 3.6**　$f(x)=x^2$（$-\pi\leqq x\leqq\pi$）のフーリエ級数 $S[f](x)$ を求めよ。

---

解答例　$f(x)$ は偶関数だから $b_n=0$ である。また

$$a_0=\frac{2}{\pi}\int_0^{\pi}x^2dx=\frac{2}{\pi}\left[\frac{x^3}{3}\right]_0^{\pi}=\frac{2\pi^2}{3}$$

$$a_n=\frac{2}{\pi}\int_0^{\pi}x^2\cos nxdx=\left[\frac{2x^2}{\pi}\frac{\sin nx}{n}\right]_0^{\pi}-\int_0^{\pi}\left(\frac{2x^2}{\pi}\right)'\frac{\sin nx}{n}dx$$

$$=-\frac{4}{n\pi}\int_0^{\pi}x\sin nxdx=\frac{4(-1)^n}{n^2}$$

を得る。ここで，最後の等式では例 3.2 の結果を用いた。よって，$f(x)$ のフーリエ級数は

$$S[f](x) = x^2 = \frac{\pi^2}{3} + 4\sum_{n=1}^{\infty} \frac{(-1)^n}{n^2} \cos nx \tag{3.46}$$

を得る。フーリエ級数の部分和のグラフは**図 3.8** を参照のこと。 ◆

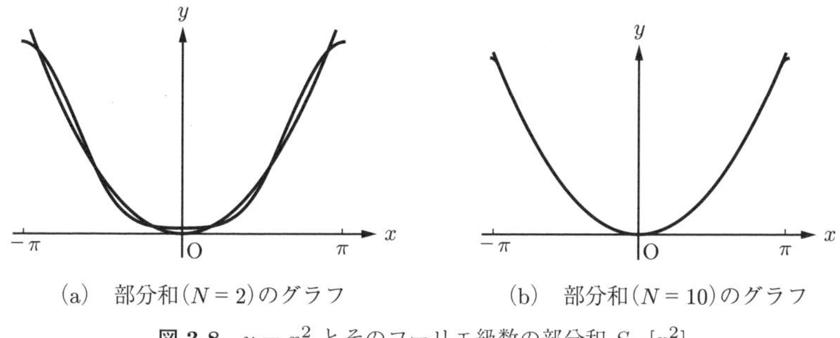


(a) 部分和($N=2$)のグラフ　(b) 部分和($N=10$)のグラフ

**図 3.8** $y = x^2$ とそのフーリエ級数の部分和 $S_N[x^2]$

**注意 3.8** $(x^2)' = 2x$ であるが，例題 3.6 で求めた $x^2$ のフーリエ級数を項別微分したものは，例 3.2 で求めた $x$ のフーリエ級数の 2 倍に等しい。

**注意 3.9** 式 (3.46) に $x = \pi$ を代入すると，$\cos n\pi = (-1)^n$ より

$$\pi^2 = \frac{\pi^2}{3} + 4\sum_{n=1}^{\infty} \frac{1}{n^2}, \quad \zeta(2) := \sum_{n=1}^{\infty} \frac{1}{n^2} = \frac{\pi^2}{6} \tag{3.47}$$

を得る。式 (3.47) は式 (3.45) と矛盾しない。実際，$\zeta(2)$ は絶対収束しているので，偶数項と奇数項を別々に加えても結果が変わらない（定理 2.6 (3)）ため

$$\zeta(2) = \sum_{n=1}^{\infty} \frac{1}{(2n-1)^2} + \sum_{n=1}^{\infty} \frac{1}{(2n)^2} = \frac{\pi^2}{8} + \frac{1}{4}\zeta(2)$$

となるからである。

**練習 3.6** $k = 1, 2, 3, \cdots$ に対し，$f_k(x) = x^k$ のフーリエ係数を $a_n^{(k)}$，$b_n^{(k)}$ と置く。このとき，フーリエ係数の $k$ に関する漸化式を求めよ。ただし $k$ が奇数のとき，$f_k(\pm\pi) = 0$ とする。

## 3.4 複素フーリエ級数

本節では，**複素フーリエ級数**（complex Fourier series）について考えよう。

---

**定義 3.4**（複素フーリエ級数）区間 $I = [-\pi, \pi]$ 上 $C^1$ 級関数 $f(x)$ に対し

$$c_n = \frac{1}{2\pi}\int_{-\pi}^{\pi} f(x)e^{-inx}dx \quad (n = 0, \pm 1, \pm 2, \cdots) \tag{3.48}$$

により定義される $c_n$ を $f(x)$ の**第 $n$ 複素フーリエ係数**という。

また，$c_n$ を係数とするつぎの級数を $f(x)$ の**複素フーリエ級数**という。

$$S[f](x) = \sum_{n=-\infty}^{\infty} c_n e^{inx} \tag{3.49}$$

---

**注意 3.10** 式 (3.49) における極限は

$$S[f](x) = \lim_{N\to\infty} S_N[f](x), \quad S_N[f](x) := \sum_{n=-N}^{N} c_n e^{inx} \tag{3.50}$$

の意味である。

**定理 3.9** 区間 $I = [-\pi, \pi]$ 上 $C^1$ 級で周期 $2\pi$ の関数 $f$ に対し，$f$ の複素フーリエ級数 $S[f]$ は $I$ 上のすべての点で収束し，$S[f](x) = f(x)$ が成り立つ。

**証明** 式 (3.50) 中の $S_N$ に対し

$$\lim_{N\to\infty}(S_N[f](x) - f(x)) = 0 \tag{3.51}$$

が成り立つことを示せばよい。

$n > 0$ に対し，$e^{\pm inx} = \cos nx \pm i \sin nx$ より

$$c_n e^{inx} + c_{-n}e^{-inx} = (c_n + c_{-n})\cos nx + i(c_n - c_{-n})\sin nx \tag{3.52}$$

であるが，式 (3.52) の右辺に式 (3.48) を代入して

$$\frac{\cos nx}{2\pi}\int_{-\pi}^{\pi} f(y)(e^{-iny}+e^{iny})\,dy + i\frac{\sin nx}{2\pi}\int_{-\pi}^{\pi} f(y)(e^{-iny}-e^{iny})\,dy$$
$$= \frac{\cos nx}{\pi}\int_{-\pi}^{\pi} f(y)\cos ny\,dy + \frac{\sin nx}{\pi}\int_{-\pi}^{\pi} f(y)\sin ny\,dy$$

となる。これとフーリエ係数の定義式 (3.20) とを比較すると

$$c_n e^{inx} + c_{-n}e^{-inx} = a_n\cos nx + b_n \sin nx$$

を得る。また，$n=0$ に対しては，$c_0 = a_0/2$ である。よって，式 (3.50) 中の $S_N$ は式 (3.26) 中の $S_N$ と同じものであり，$-\pi < x < \pi$ に対しての式 (3.51) は定理 3.7 に帰着される。$f$ が周期 $2\pi$ の関数なので，$x = \pm\pi$ においても $S[f](x) = f(x)$ が成り立つ。 □

**注意 3.11** $f(x)$ が実数値関数のとき，第 $n$ フーリエ係数 $a_n$，$b_n$ と第 $n$ 複素フーリエ係数 $c_n$ との間につぎの関係式が成り立つ。

$$c_n = \begin{cases} \dfrac{a_0}{2} & (n=0) \\ \dfrac{a_n - ib_n}{2} & (n=1,2,3,\cdots) \\ \dfrac{a_{-n}+ib_{-n}}{2} & (n=-1,-2,-3,\cdots) \end{cases} \tag{3.53}$$

**定理 3.10** （ベッセルの不等式（Bessel's inequality）） 周期 $2\pi$ の $C^1$ 級関数 $f$ に対して，つぎの不等式が成り立つ。

$$\frac{|a_0|^2}{2} + \sum_{n=1}^{N}(|a_n|^2 + |b_n|^2) \leqq \frac{1}{\pi}\int_{-\pi}^{\pi}|f(x)|^2 dx \tag{3.54}$$

**証明** 式 (3.50) で定義された複素フーリエ級数の部分和 $S_N[f](x)$ の複素共役をとると

$$\overline{S_N[f](x)} = \sum_{n=-N}^{N}\overline{c_n}e^{-inx} \tag{3.55}$$

となる。式 (3.50) と式 (3.55) の積をとると

$$|S_N[f](x)|^2 = \sum_{n=-N}^{N} c_n e^{inx} \sum_{m=-N}^{N} \overline{c_m} e^{-imx} \tag{3.56}$$

となる。ここで

$$\frac{1}{2\pi}\int_{-\pi}^{\pi} e^{inx}e^{-imx}dx = \begin{cases} 1 & (n = m) \\ 0 & (n \neq m) \end{cases} \tag{3.57}$$

に注意して，式 (3.56) の両辺を $[-\pi, \pi]$ で積分して $2\pi$ で割ると

$$\frac{1}{2\pi}\int_{-\pi}^{\pi} |S_N[f](x)|^2 dx = \sum_{n=-N}^{N} |c_n|^2 \tag{3.58}$$

を得る。

つぎに $|f(x) - S_N[f](x)|^2/2\pi$ を区間 $I$ で積分しよう。

$$\begin{aligned} 0 &\leqq \frac{1}{2\pi}\int_{-\pi}^{\pi} |f(x) - S_N[f](x)|^2 dx \\ &= \frac{1}{2\pi}\int_{-\pi}^{\pi} \left(|f(x)|^2 - 2f(x)\overline{S_N[f](x)} + |S_N[f](x)|^2\right) dx \\ &= \frac{1}{2\pi}\int_{-\pi}^{\pi} |f(x)|^2 dx - 2\sum_{n=-N}^{N} |c_n|^2 + \sum_{n=-N}^{N} |c_n|^2 \end{aligned} \tag{3.59}$$

となる。ここで第 2 行目の第 2 項の積分は，式 (3.55) より有限和と積分を入れ替えることで第 3 行目の第 2 項に等しく，第 2 行目の第 3 項の積分は，式 (3.58) より第 3 行目の第 3 項に等しいことを用いた。

よって，$|c_{\pm n}|^2 = (|a_n|^2 + |b_n|^2)/4$ を用いて

$$\frac{1}{2\pi}\int_{-\pi}^{\pi} |f(x)|^2 dx \geqq \sum_{n=-N}^{N} |c_n|^2 = \frac{|a_0|^2}{4} + \frac{1}{2}\sum_{n=1}^{N}(|a_n|^2 + |b_n|^2)$$

を得る。これは式 (3.54) を意味する。 □

**定理 3.11** （パーセヴァルの等式（Parseval's identity）） 周期 $2\pi$ の $C^1$ 級関数 $f(x)$ について，つぎの等式が成り立つ。

$$\frac{1}{\pi}\int_{-\pi}^{\pi} |f(x)|^2 dx = \frac{|a_0|^2}{2} + \sum_{n=1}^{\infty}(|a_n|^2 + |b_n|^2) \tag{3.60}$$

証明 式 (3.59) により

$$\frac{1}{2\pi}\int_{-\pi}^{\pi}|f(x)-S_N[f](x)|^2dx=\frac{1}{2\pi}\int_{-\pi}^{\pi}|f(x)|^2dx-\sum_{n=-N}^{N}|c_n|^2 \tag{3.61}$$

である。まず，式 (3.61) の左辺の $N\to\infty$ における極限が 0 に等しい[†]ことを示そう。以下，定理 3.7 の証明中の記号をそのまま用いる。式 (3.32)，式 (3.33) より

$$I_N(x):=S_N[f](x)-f(x)=\frac{1}{2\pi}\int_{-\pi-x}^{\pi-x}F(\theta)\sin\left(N+\frac{1}{2}\right)\theta\,d\theta$$

であるが，部分積分により

$$I_N(x)=-\left[\frac{F(\theta)}{2\pi}\frac{\cos(N+1/2)\theta}{N+1/2}\right]_{-\pi-x}^{\pi-x}+\int_{-\pi-x}^{\pi-x}\frac{F'(\theta)}{2\pi}\frac{\cos(N+1/2)\theta}{N+1/2}d\theta$$

となる。よって

$$|I_N(x)|\leqq\frac{1}{\pi(2N+1)}\left(|F(\pi-x)|+|F(-\pi-x)|+\int_{-\pi-x}^{\pi-x}|F'(\theta)|d\theta\right) \tag{3.62}$$

が成り立つ。ここで，$|F(\pi-x)|+|F(-\pi-x)|$ は，$I=[-\pi,\pi]$ 上連続関数だから最大値をもつ。これを $M_1$ と置く。また，式 (3.62) の右辺第 3 項は $f$（したがって $F'$）が周期 $2\pi$ の周期関数だから定数である。これを $M_2$ と置くと

$$|I_N(x)|\leqq\frac{M_1+M_2}{\pi(2N+1)} \tag{3.63}$$

となって，式 (3.63) の右辺は $x$ によらない。よって

$$0\leqq\frac{1}{2\pi}\int_{-\pi}^{\pi}|f(x)-S_N[f](x)|^2dx\leqq\frac{(M_1+M_2)^2}{\pi^2(2N+1)^2}\to 0\quad(N\to\infty)$$

より，次式が成り立つ。

$$\lim_{N\to\infty}\frac{1}{2\pi}\int_{-\pi}^{\pi}|f(x)-S_N[f](x)|^2dx=0 \tag{3.64}$$

---

[†] もし $N\to\infty$ の極限と積分の順序が交換可能ならば，定理 3.7 とその後の注意 3.3 から，$\lim_{N\to\infty}(1/2\pi)\int_{-\pi}^{\pi}|f(x)-S_N[f](x)|^2dx=(1/2\pi)\int_{-\pi}^{\pi}\lim_{N\to\infty}|f(x)-S_N[f](x)|^2dx=0$ が示せる。しかし，一般には極限と積分の順序は交換できないので注意が必要である。

よって式 (3.61) の右辺でも $N \to \infty$ の極限をとると

$$\frac{1}{2\pi}\int_{-\pi}^{\pi}|f(x)|^2 dx - \sum_{n=-\infty}^{\infty}|c_n|^2 = 0 \tag{3.65}$$

が成り立たなければならない。したがって式 (3.65) と $|c_n|^2 = (|a_n|^2 + |b_n|^2)/4$ から，式 (3.60) を得る。 □

---

**例題 3.7**　例題 3.5 で考察した周期 $2\pi$ の関数 $f(x)$ にパーセヴァルの等式を適用するとき，どのような等式が得られるか。

---

**解答例**　$f(x) = |x|$ より，パーセヴァルの等式の左辺は

$$\frac{1}{\pi}\int_{-\pi}^{\pi}|f(x)|^2 dx = \frac{1}{\pi}\int_{-\pi}^{\pi}x^2 dx = \frac{2}{\pi}\left[\frac{x^3}{3}\right]_0^{\pi} = \frac{2\pi^2}{3}$$

また，例題 3.5 の結果より，パーセヴァルの等式の右辺は

$$\frac{\pi^2}{2} + \sum_{n=1}^{\infty}\frac{16}{(2n-1)^4\pi^2}$$

である。よって

$$\frac{2\pi^2}{3} = \frac{\pi^2}{2} + \sum_{n=1}^{\infty}\frac{16}{(2n-1)^4\pi^2}$$

すなわち

$$1 + \frac{1}{3^4} + \frac{1}{5^4} + \frac{1}{7^4} + \cdots = \frac{\pi^4}{96} \tag{3.66}$$

を得る。 ◆

**練習 3.7**　例題 3.7 の結果を用いて，$\zeta(4) := \sum_{n=1}^{\infty}\frac{1}{n^4}$ の値を求めよ。

## 3.5　フーリエ変換

ここまで扱ったフーリエ級数は，$f(x)$ が区間 $I = [-\pi, \pi]$ 上 $C^1$ 級関数であることを仮定した。本節では一般の $l > 0$ に対して，$f(x)$ が区間 $I = [-l, l]$ 上 $C^1$ 級関数であることを仮定したらどうなるか考えてみよう。フーリエ係数の定

義はつぎで与えられる。

**命題 3.12** 区間 $I=[-l,l]$ 上 $C^1$ 級関数 $f(x)$ のフーリエ級数はつぎで与えられる。

$$S[f](x)=\frac{a_0}{2}+\sum_{n=1}^{\infty}\left(a_n\cos\frac{\pi n}{l}x+b_n\sin\frac{\pi n}{l}x\right) \tag{3.67}$$

ここでフーリエ係数は，つぎで与えられる。

$$\begin{cases} a_n=\dfrac{1}{l}\displaystyle\int_{-l}^{l}f(x)\cos\frac{\pi n}{l}x\,dx \quad (n=0,1,2,\cdots) \\ b_n=\dfrac{1}{l}\displaystyle\int_{-l}^{l}f(x)\sin\frac{\pi n}{l}x\,dx \quad (n=1,2,\cdots) \end{cases} \tag{3.68}$$

**証明** 証明は省略する。 □

**注意 3.12** 命題 3.12 で $l=\pi$ と置けば，式 (3.20) が得られる。

いま，$x\in\mathbb{R}$ で $C^1$ 級関数 $f(x)$ に対し，命題 3.12 で $l\to\infty$ の極限をとることにより，つぎの定理を得る。

**定理 3.13** $\mathbb{R}$ 上 $C^1$ 級関数 $f(x)$ は

$$f(x)=\frac{1}{\pi}\int_0^{\infty}(A(k)\cos kx+B(k)\sin kx)\,dk \tag{3.69}$$

のように展開できる。ここで，$A(k)$，$B(k)$ は

$$A(k)=\int_{-\infty}^{\infty}f(x)\cos kx\,dx,\quad B(k)=\int_{-\infty}^{\infty}f(x)\sin kx\,dx \tag{3.70}$$

で定められる。

**注意 3.13** 式 (3.69) を**フーリエ逆変換**（Fourier inverse transform）という。また，式 (3.70) を $f(x)$ の**フーリエ変換**（Fourier transform）という。

証明　式 (3.67) で，右辺の関数を $f_l(x)$ と記すことにし，さらに $a_n = \widehat{a}_n/l$, $b_n = \widehat{b}_n/l$，$k_n = \pi n/l$ と置くと

$$f_l(x) = \frac{1}{2l}\widehat{a}_0 + \frac{1}{l}\sum_{n=1}^{\infty}\left(\widehat{a}_n \cos k_n x + \widehat{b}_n \sin k_n x\right)$$
$$= \frac{1}{2\pi}\widehat{a}_0 \Delta k + \frac{1}{\pi}\sum_{n=1}^{\infty}\left(\widehat{a}_n \cos k_n x + \widehat{b}_n \sin k_n x\right)\Delta k \tag{3.71}$$

となる。ここで，$\Delta k = k_{n+1} - k_n = \pi/l$ である。式 (3.71) で $l \to \infty$ の極限をとることにより

$$f_l(x) \to \frac{1}{\pi}\int_0^{\infty}(A(k)\cos kx + B(k)\sin kx)\,dk$$
$$\widehat{a}_n \to A(k), \quad \widehat{b}_n \to B(k) \tag{3.72}$$

を得る。これは式 (3.69) と式 (3.70) を意味する。 □

**定理 3.14**　関数 $f(x)$ の**複素フーリエ変換**（complex Fourier transform）は

$$\widehat{f}(k) = \int_{-\infty}^{\infty} f(x)e^{-ikx}dx \tag{3.73}$$

により定められる。**複素フーリエ逆変換**（complex Fourier inverse transform）により，$f(x)$ は

$$f(x) = \frac{1}{2\pi}\int_{-\infty}^{\infty}\widehat{f}(k)e^{ikx}dk \tag{3.74}$$

のように書くことができる。

証明　フーリエ逆変換の式 (3.69) で，オイラーの関係式 (A.1) を用いれば

$$f(x) = \frac{1}{\pi}\int_0^{\infty}(A(k)\cos kx + B(k)\sin kx)\,dk$$
$$= \frac{1}{\pi}\int_0^{\infty}\left(A(k)\frac{e^{ikx}+e^{-ikx}}{2} + B(k)\frac{e^{ikx}-e^{-ikx}}{2i}\right)dk$$
$$= \frac{1}{2\pi}\int_0^{\infty}\left((A(k)-iB(k))e^{ikx} + (A(k)+iB(k))e^{-ikx}\right)dk$$

となる。ここで

$$A(k) - iB(k) = \int_{-\infty}^{\infty} f(x)(\cos kx - i \sin kx)\, dx = \widehat{f}(k)$$

また，$A(k) + iB(k) = \widehat{f}(-k)$ であるから

$$f(x) = \frac{1}{2\pi} \int_0^{\infty} \left( \widehat{f}(k) e^{ikx} + \widehat{f}(-k) e^{-ikx} \right) dk = \frac{1}{2\pi} \int_{-\infty}^{\infty} \widehat{f}(k) e^{ikx} dk$$

を得る。 □

---

**例題 3.8** $f(x) = \begin{cases} 1 & (|x| \leq r) \\ 0 & (|x| > r) \end{cases}$ の複素フーリエ変換を求めよ。また，$\lim_{r \to \infty} \widehat{f}(k)$ を求めよ。

---

解答例 $f(x)$ の複素フーリエ変換は

$$\widehat{f}(k) = \int_{-\infty}^{\infty} f(x) e^{-ikx} dx = \int_{-r}^{r} e^{-ikx} dx = \left[ \frac{e^{-ikx}}{-ik} \right]_{-r}^{r} = \frac{2 \sin kr}{k}$$

となる（**図 3.9**）。命題 3.3 (1) を用いると，$\lim_{r \to \infty} \widehat{f}(k) = 2\pi\delta(k)$ が成り立つ。 ◆

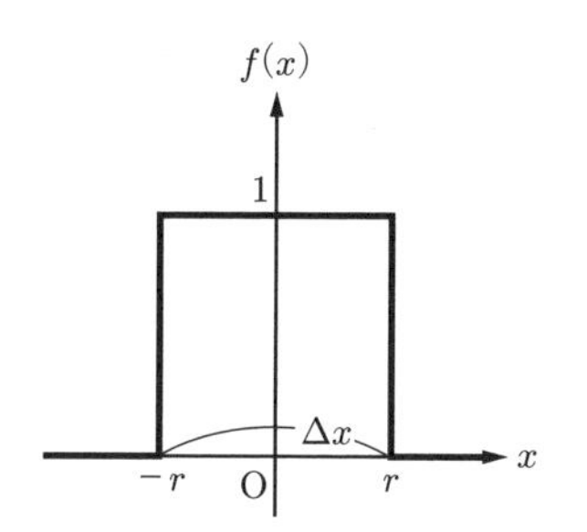


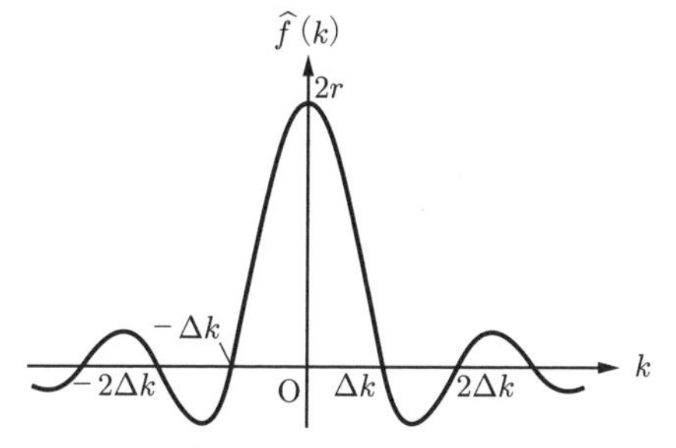


**図 3.9** 例題 3.8 の $f(x)$ と $\widehat{f}(k)$ のグラフ

**注意 3.14** $\widehat{f}(k) = 0$ となるのは，$\Delta k = \pi/r$ として $k = n\Delta k$（$n = \pm 1, \pm 2, \cdots$）であり，$k > \Delta k$ で $\widehat{f}(k)$ の値は急減少している。一方，$f(x) \neq 0$ となる区間 $[-r, r]$ の長さは $\Delta x = 2r$ であるから

$$\Delta x \Delta k = 2\pi$$

が成り立つ（図 3.9）。これは量子力学における不確定性原理と関係がある。

**練習 3.8**　3.2 節で導入したデルタ関数に対して，定理 3.14 を適用することにより，つぎの式が成り立つことを示せ。

$$\delta(x) = \frac{1}{2\pi}\int_{-\infty}^{\infty} e^{ikx}dk \tag{3.75}$$

---

**定義 3.5**　（**急減少関数**）　実軸上定義された関数 $f$ が**急減少関数**（rapidly decreasing function）であるとは，$f$ が $C^\infty$ 級，すなわち無限回微分可能であり，また任意の非負整数 $m, n = 0, 1, 2, \cdots$ に対して以下の条件をみたすことをいう。

$$\lim_{x\to\pm\infty} x^m f^{(n)}(x) = 0 \tag{3.76}$$

---

**命題 3.15**　急減少関数 $f(x)$，$g(x)$ の複素フーリエ変換をそれぞれ $\widehat{f}(k)$，$\widehat{g}(k)$ とするとき，**表 3.1** が成り立つ。ただし，表中 (7) では $\displaystyle\int_{-\infty}^{\infty} f(t)\,dt = 0$ であると仮定する。

なお，$(f * g)(x)$ は $f$ と $g$ の畳み込みと呼ばれ

**表 3.1**

| | 関　数 | フーリエ変換 |
|---|---|---|
| (1) | $f(-x)$ | $\widehat{f}(-k)$ |
| (2) | $f(x-a)$ | $\widehat{f}(k)e^{-ika}$ |
| (3) | $f(ax)$ | $\dfrac{1}{\lvert a\rvert}\widehat{f}\left(\dfrac{k}{a}\right)$ |
| (4) | $f(x)e^{iax}$ | $\widehat{f}(k-a)$ |
| (5) | $x^n f(x)$ | $\left(i\dfrac{d}{dk}\right)^n \widehat{f}(k)$ |
| (6) | $\dfrac{d^n}{dx^n}f(x)$ | $(ik)^n\widehat{f}(k)$ |
| (7) | $\displaystyle\int_{-\infty}^{x} f(t)dt$ | $\dfrac{1}{ik}\widehat{f}(k)$ |
| (8) | $f(x)g(x)$ | $\dfrac{1}{2\pi}(\widehat{f} * \widehat{g})(k)$ |

$$(f * g)(x) = \int_{-\infty}^{\infty} f(y)g(x-y)\,dy \tag{3.77}$$

により定義される。

証明　仮定によりつぎの関係式が成り立っている。

$$\widehat{f}(k) = \int_{-\infty}^{\infty} f(x)e^{-ikx}dx, \quad \widehat{g}(k) = \int_{-\infty}^{\infty} g(x)e^{-ikx}dx \tag{3.78}$$

(1)　$f(-x)$ の複素フーリエ変換は

$$\int_{-\infty}^{\infty} f(-x)e^{-ikx}dx = \int_{-\infty}^{\infty} f(x)e^{-i(-k)x}dx = \widehat{f}(-k)$$

である。ここで，最初の等式では $x \mapsto -x$ とする変数変換を行っている†。

(2)　$f(x-a)$ の複素フーリエ変換は

$$\int_{-\infty}^{\infty} f(x-a)e^{-ikx}dx = \int_{-\infty}^{\infty} f(x)e^{-ik(x+a)}dx = e^{-ika}\widehat{f}(k)$$

である。ここで，最初の等式では $x \mapsto x+a$ とする変数変換を行っている。

(3)　$f(ax)$ の複素フーリエ変換は，$a > 0$ のとき

$$\int_{-\infty}^{\infty} f(ax)e^{-ikx}dx = \int_{-\infty}^{\infty} f(x)e^{-i(k/a)x}\frac{dx}{a} = \frac{1}{a}\widehat{f}\left(\frac{k}{a}\right)$$

である。ここで，最初の等式では $ax \mapsto x$ とする変数変換を行っている。$a < 0$ の場合は，積分範囲が $(-\infty, +\infty)$ から $(+\infty, -\infty)$ に変わるから負号が出る。よって，結局つぎの式が成り立つ。

$$\int_{-\infty}^{\infty} f(ax)e^{-ikx}dx = \frac{1}{|a|}\widehat{f}\left(\frac{k}{a}\right)$$

(4)　$f(x)e^{iax}$ の複素フーリエ変換は

$$\int_{-\infty}^{\infty} f(x)e^{iax}e^{-ikx}dx = \int_{-\infty}^{\infty} f(x)e^{-i(k-a)x}dx = \widehat{f}(k-a)$$

である。

(5)　$x^n f(x)$ の複素フーリエ変換は

$$\int_{-\infty}^{\infty} x^n f(x)e^{-ikx}dx = \int_{-\infty}^{\infty} \left(i\frac{\partial}{\partial k}\right)^n (f(x)e^{-ikx})dx = \left(i\frac{d}{dk}\right)^n \widehat{f}(k)$$

† $dx \mapsto -dx$, 積分範囲が $(-\infty, +\infty)$ から $(+\infty, -\infty)$ に変わることに注意せよ。

である。ここで第 2 の等式で積分記号のもとでの微分公式を用いた。

(6)　部分積分を 1 回すると

$$\int_{-\infty}^{\infty} f^{(n)}(x)e^{-ikx}dx = [f^{(n-1)}(x)e^{-ikx}]_{-\infty}^{\infty} - \int_{-\infty}^{\infty} f^{(n-1)}(x)(e^{-ikx})'dx$$
$$= ik\int_{-\infty}^{\infty} f^{(n-1)}(x)e^{-ikx}dx$$

となる。ここで，$f$ が急減少関数であることから $[f^{(n-1)}(x)e^{-ikx}]_{-\infty}^{\infty} = 0$ となることを用いた。これを $n$ 回繰り返せば題意を得る。

(7)　$F(x) = \int_{-\infty}^{x} f(t)dt$ と置くと，$F'(x) = f(x)$ であるから

$$\int_{-\infty}^{\infty} F(x)e^{-ikx}dx = \left[F(x)\frac{e^{-ikx}}{-ik}\right]_{-\infty}^{\infty} + \int_{-\infty}^{\infty} f(x)\frac{e^{-ikx}}{ik}dx$$
$$= \frac{\widehat{f}(k)}{ik}$$

を得る。

(8)　$g(x)$ を $\widehat{g}(x)$ のフーリエ逆変換の形に

$$g(x) = \frac{1}{2\pi}\int_{-\infty}^{\infty} \widehat{g}(l)e^{ilx}dl$$

と書いておく。ここで後の都合上，積分変数を $l$ にしておいた。すると $f(x)g(x)$ のフーリエ変換は

$$\int_{-\infty}^{\infty} f(x)g(x)e^{-ikx}dx = \int_{-\infty}^{\infty} f(x)\left(\frac{1}{2\pi}\int_{-\infty}^{\infty} \widehat{g}(l)e^{ilx}dl\right)e^{-ikx}dx$$
$$= \frac{1}{2\pi}\int_{-\infty}^{\infty}\left(\int_{-\infty}^{\infty} f(x)e^{-i(k-l)x}dx\right)\widehat{g}(l)dl$$
$$= \frac{1}{2\pi}\int_{-\infty}^{\infty} \widehat{f}(k-l)\widehat{g}(l)dl$$
$$= \frac{1}{2\pi}(\widehat{f} * \widehat{g})(k)$$

となる。ここで，積分順序を交換できることを用いた。それにはまず無限領域ではなく，$(l, x) \in [-R, R] \times [-R', R']$ 上の積分として積分順序を入れ替え，その後 $R, R' \to +\infty$ の極限をとればよい。　□

## 3.6 行列とベクトルの基本事項

次節で数式をコンパクトに書くため，**行列** (matrix) の記法を用いる。本節はその準備として行列とベクトルの基本事項を復習する。

1.1 節で導入した平面および空間のベクトルを拡張して，一般に $n$ 成分ベクトルを考えることができる。

---

**定義 3.6** （$\boldsymbol{n}$ **成分ベクトル**） $n$ 成分ベクトルとは $\mathbb{R}^n$ の元のことである。

$$\boldsymbol{a} = \begin{bmatrix} a_1 \\ \vdots \\ a_n \end{bmatrix} \in \mathbb{R}^n \tag{3.79}$$

---

**注意 3.15** 式 (3.79) のベクトル $\boldsymbol{a}$ を省スペースのため ${}^t[a_1, \cdots, a_n]$ と書くことがある。${}^t[\cdots\cdots]$ を転置記号という。

実数を**矩形**（くけい）† 状に並べたものを行列という。

---

**定義 3.7** （**行列**） $nm$ 個の実数 $a_{ij}$ （$1 \leqq i \leqq n, 1 \leqq j \leqq m$）を

$$A = \begin{bmatrix} a_{11} & a_{12} & \cdots & a_{1m} \\ a_{21} & a_{22} & \cdots & a_{2m} \\ \vdots & \vdots & \ddots & \vdots \\ a_{n1} & a_{n2} & \cdots & a_{nm} \end{bmatrix} \tag{3.80}$$

のように矩形状に並べたものを，$(n, m)$ 型の**行列**という。また，$(n, m)$ 型の行列全体を $M_{n,m}(\mathbb{R})$ と記す。

---

行列とベクトルの積，および行列と行列の積をつぎのように定義する。

† 矩形とは長方形のことである。

**定義 3.8** （行列とベクトルの積，行列と行列の積）　$A \in M_{n,m}(\mathbb{R})$ を式 (3.80) で定義される行列，$\boldsymbol{b} = \begin{bmatrix} b_1 \\ \vdots \\ b_m \end{bmatrix} \in \mathbb{R}^m$ とするとき，$A$ と $\boldsymbol{b}$ の積を

$$A\boldsymbol{b} = \begin{bmatrix} a_{11}b_1 + a_{12}b_2 + \cdots + a_{1m}b_m \\ a_{21}b_1 + a_{22}b_2 + \cdots + a_{2m}b_m \\ \vdots \\ a_{n1}b_1 + a_{n2}b_2 + \cdots + a_{nm}b_m \end{bmatrix} \in \mathbb{R}^n$$

により定義する。

$l$ 本の $\mathbb{R}^m$ ベクトルを横に並べて，行列 $B = [\boldsymbol{b}_1, \cdots, \boldsymbol{b}_l] \in M_{m,l}(\mathbb{R})$ とするとき，$A$ と $B$ の積を

$$AB = [A\boldsymbol{b}_1, \cdots, A\boldsymbol{b}_l] \in M_{n,l}(\mathbb{R})$$

により定義する。

## 3.7　離散フーリエ変換と高速フーリエ変換

前節で，複素フーリエ変換はつぎのように定義された。

$$\widehat{f}(k) = \int_{-\infty}^{\infty} f(x)e^{-ikx}dx \tag{3.81}$$

関数 $f(x)$ が数式の形で与えられているのではなく，数値（測定値）で与えられているとすると，式 (3.81) の無限区間の積分を実行するのは難しい。そこで，有限区間 $[0, L]$ 上での積分を考えよう。

$$\widehat{f}(k) = \int_{0}^{L} f(x)e^{-ikx}dx \tag{3.82}$$

積分は一般にリーマン和の極限で与えられる。例えば区間 $[0, L]$ を $N$ 等分する

と，分割幅は $\Delta x = L/N$ であり

$$x_n = n\Delta x \quad (n = 0, 1, 2, \cdots, N-1) \tag{3.83}$$

と置けば，式 (3.82) は

$$\widehat{f}(k) = \lim_{N\to\infty} \widehat{f}_N(k), \quad \widehat{f}_N(k) = \sum_{n=0}^{N-1} f\left(x_n\right) e^{-ikx_n} \Delta x \tag{3.84}$$

となる。ところで，関数 $f(x)$ が測定値の形で与えられるとすれば，$f(x)$ は連続関数ではなく，とびとびの $x$ に対して値が与えられていると考えるのがより実態に合う。すなわち，数値で与えられた関数 $f(x)$ のフーリエ変換として実際に計算できるのは，$N \to \infty$ の極限をとる前の $\widehat{f}_N(k)$ である。

さらに変数 $k$ のほうも離散化しよう。つまり，$k$ の値をつぎのとびとびの値のみに限定する。

$$k_m = \frac{2\pi m}{L} \quad (m = 0, 1, 2, \cdots, N-1) \tag{3.85}$$

$f_n := f\left(x_n\right)$，$\widehat{f}_m := F_N(k_m)$ と置くと

$$\widehat{f}_m = \sum_{n=0}^{N-1} f_n e^{-ik_m x_n} \Delta x \tag{3.86}$$

ここで

$$e^{-ik_m x_n} = e^{-i(2\pi m/L)(nL/N)} = e^{-2\pi i mn/N} = \omega_N^{-mn}$$

に注意する。ここで $\omega_N = e^{2\pi i/N}$ は 1 の原始 $N$ 乗根である。すると式 (3.86) は

$$\widehat{f}_m = \sum_{n=0}^{N-1} f_n \omega_N^{-mn} \Delta x \tag{3.87}$$

となる。$\Delta x = L/N$ であることに注意すると，つぎの定義を得る。

---

**定義 3.9** （**離散フーリエ変換**） 式 (3.83) の点 $x_n$（$n = 0, 1, 2, \cdots, N-1$）で定義された関数 $f_n := f(x_n)$ に対し

$$\widehat{f}_m = \frac{L}{N}\sum_{n=0}^{N-1} f_n \omega_N^{-mn} \quad (m = 0, 1, 2, \cdots, N-1) \tag{3.88}$$

を $f$ の $N$ 次の**離散フーリエ変換**（discrete Fourier transform）という。

**例題 3.9**　$N$ 次方程式 $z^N = 1$ の根は $\omega_N^n$（$n = 0, 1, 2, \cdots, N-1$）で与えられることを示せ。ただし，$\omega_N = e^{2\pi i/N}$ である。

**証明**　$z^N = 1 = e^{2\pi in}$（$n = 0, 1, 2, \cdots, N-1$）であるから，$z = e^{2\pi in/N} = \omega_N^n$ が $N$ 次方程式 $z^N = 1$ の根であることは明らかである。また，$\omega_N^n$（$n = 0, 1, 2, \cdots, N-1$）は，複素平面の単位円 $|z| = 1$ を $N$ 等分する点である，すなわちすべて別々の点であることも明らかである。$N$ 次方程式の根はたかだか $N$ 個しかないので，$\omega_N^n$（$n = 0, 1, 2, \cdots, N-1$）が求める根のすべてである。 □

**練習 3.9**　$\omega_N = e^{2\pi i/N}$ に対し

$$\sum_{m=0}^{N-1} \omega_N^{nm} = \begin{cases} N & (n \text{ が } N \text{ の倍数のとき}) \\ 0 & (n \text{ が } N \text{ の倍数でないとき}) \end{cases}$$

が成り立つことを示せ。

**命題 3.16**　式 (3.88) を逆に解いたものは，つぎの式で与えられる。

$$f_n = \frac{1}{L}\sum_{m=0}^{N-1} \widehat{f}_m \omega_N^{mn} \quad (n = 0, 1, 2, \cdots, N-1) \tag{3.89}$$

**注意 3.16**　式 (3.89) を $N$ 次の**離散フーリエ逆変換**（discrete Fourier inverse transform）という。

**証明**　式 (3.89) の右辺に式 (3.88) を代入すると

$$\frac{1}{L}\sum_{m=0}^{N-1} \widehat{f}_m \omega_N^{mn} = \frac{1}{N}\sum_{m=0}^{N-1}\left(\sum_{n'=0}^{N-1} f_{n'}\omega_N^{-mn'}\right)\omega_N^{mn}$$

ここで和の順序を入れ替えると

$$\frac{1}{L}\sum_{m=0}^{N-1}\widehat{f}_m\omega_N^{mn} = \frac{1}{N}\sum_{n'=0}^{N-1} f_{n'}\left(\sum_{m=0}^{N-1}\omega_N^{m(n-n')}\right)$$

この式の右辺のカッコ内は，練習 3.9 により，$n = n'$ のときに限り $N$ に等しく，$n \neq n'$ のときは 0 である。よって

$$\frac{1}{L}\sum_{m=0}^{N-1}\widehat{f}_m\omega_N^{mn} = f_n$$

を得る。 □

以下では記述の簡単化のため $\Delta x = 1$（$L = N$）と置く。

---

**例 3.3** $N = 4$ のとき，$\omega_4 = i$ である。

$$\begin{bmatrix}\widehat{f}_0\\ \widehat{f}_1\\ \widehat{f}_2\\ \widehat{f}_3\end{bmatrix} = \begin{bmatrix}\omega_4^0 & \omega_4^0 & \omega_4^0 & \omega_4^0\\ \omega_4^0 & \omega_4^{-1} & \omega_4^{-2} & \omega_4^{-3}\\ \omega_4^0 & \omega_4^{-2} & \omega_4^{-4} & \omega_4^{-6}\\ \omega_4^0 & \omega_4^{-3} & \omega_4^{-6} & \omega_4^{-9}\end{bmatrix}\begin{bmatrix}f_0\\ f_1\\ f_2\\ f_3\end{bmatrix} = \begin{bmatrix}1 & 1 & 1 & 1\\ 1 & -i & -1 & i\\ 1 & -1 & 1 & -1\\ 1 & i & -1 & -i\end{bmatrix}\begin{bmatrix}f_0\\ f_1\\ f_2\\ f_3\end{bmatrix}$$

---

一般に離散フーリエ変換（式 (3.88)）で $\widehat{f}_m$（$0 \leqq m \leqq N-1$）を求めるには，$N^2$ 回の乗算と $N(N-1)$ 回の加算が必要である。すなわち，式 (3.88) で $f_n\omega_N^{-mn}$ の乗算が $1 \leqq m, n \leqq N$ だから $N^2$ 回，各 $m$ に対して $\widehat{f}_m = f_0 + f_1\omega_N^{-m} + \cdots + \omega_N^{-m(N-1)} f_{N-1}$ で + 記号が $N-1$ 回ずつ出てくるからである。

演算回数を少なくするために開発されたアルゴリズムが**高速フーリエ変換**（fast Fourier transform）である。以下では簡単のため，$N = 2^p$ の形とする。

まず，$N = 2M$（$M = 2^{p-1}$）と置く。このとき，$\omega_N^2 = e^{2(2\pi i/N)} = e^{2\pi i/M} = \omega_M$，$\omega_N^M = e^{2\pi i M/N} = e^{\pi i} = -1$ に注意する。式 (3.88) で $0 \leqq n \leqq N-1$ に関する和を，$0 \leqq n \leqq M-1$ に関する和と $M \leqq n \leqq N-1 = 2M-1$ に関する和に分ける。そしてまず $f_n$ の項と $f_{n+M}$ の項の和を先に計算し，しかる後に $0 \leqq n \leqq M-1$ に関する和を実行すると

$$\widehat{f}_m = \sum_{n=0}^{N-1} f_n \omega_N^{-mn} = \left(\sum_{n=0}^{M-1} + \sum_{n=M}^{2M-1}\right) f_n \omega_N^{-mn}$$
$$= \sum_{n=0}^{M-1} (f_n \omega_N^{-mn} + f_{n+M} \omega_N^{-m(n+M)}) \tag{3.90}$$

となる。つぎに $m$ が偶数のとき，式 (3.90) の $m$ のところに $2m$ を代入すると

$$\widehat{f}_{2m} = \sum_{n=0}^{M-1} (f_n \omega_N^{-2mn} + f_{n+M} \omega_N^{-2m(n+M)})$$
$$= \sum_{n=0}^{M-1} (f_n + f_{n+M}) \omega_M^{-mn} \tag{3.91}$$

となる。ここで $\omega_N^{-2mM} = \omega_N^{-mN} = 1$ を用いた。また，$m$ が奇数のとき，式 (3.90) の $m$ のところに $2m+1$ を代入すると

$$\widehat{f}_{2m+1} = \sum_{n=0}^{M-1} (f_n \omega_N^{-(2m+1)n} + f_{n+M} \omega_N^{-(2m+1)(n+M)})$$
$$= \sum_{n=0}^{M-1} (f_n - f_{n+M}) \omega_N^{-n} \omega_M^{-mn} \tag{3.92}$$

となる。ここで $\omega_N^{-(2m+1)M} = \omega_N^{-mN-M} = -1$ を用いた。

式 (3.91) は $f_n + f_{n+M}$ の $M$ 次の離散フーリエ変換と見なすことができる。すなわち，$M$ 回の加算 $f_n + f_{n+M}$（$0 \leqq n \leqq M-1$）と $M$ 次の離散フーリエ変換の組み合わせである。また，式 (3.92) は $(f_n - f_{n+M})\omega_N^{-n}$ の $M$ 次の離散フーリエ変換と見なすことができる。すなわち，$M$ 回の減算 $f_n - f_{n+M}$（$0 \leqq n \leqq M-1$）と $M$ 回の（$\omega_N^{-n}$ の）乗算と $M$ 次の離散フーリエ変換の組み合わせである。$M = 2^{p-1}$ についても $M = 2M_1$, $M_1 = 2M_2$, $\cdots$ と置いて同じことを繰り返すと，$N = 2^p$ のとき，$N$ 次の離散フーリエ変換の演算回数を $pN = N \log_2 N$ 回の加減算と $(p-2)N/2+1 = N(\log_2 N - 2)/2 + 1$ 回の乗算に減少させて数値計算を高速化することができる。

---

**定義 3.10**（高速フーリエ変換）$N = 2^p = 2M$ のとき，$N$ 次の離散フー

リエ変換で $\{\widehat{f_{2m}}\}_{0\leqq m\leqq M-1}$ と $\{\widehat{f_{2m+1}}\}_{0\leqq m\leqq M-1}$ とに分け，それぞれ式 (3.91) と式 (3.92) で $M$ 次の離散フーリエ変換に帰着させ，それを帰納的に繰り返すことにより求めるアルゴリズムを**高速フーリエ変換**という。

---

**例 3.4** $N=2$ のとき，$\omega_2=e^{\pi i}=-1$ であるから，式 (3.88) は

$$\begin{bmatrix}\widehat{f_0}\\ \widehat{f_1}\end{bmatrix}=\begin{bmatrix}\omega_2^0 & \omega_2^0\\ \omega_2^0 & \omega_2^{-1}\end{bmatrix}\begin{bmatrix}f_0\\ f_1\end{bmatrix}=\begin{bmatrix}1 & 1\\ 1 & -1\end{bmatrix}\begin{bmatrix}f_0\\ f_1\end{bmatrix} \tag{3.93}$$

となって，演算回数は 2 回（$\widehat{f_0}=f_0+f_1$，$\widehat{f_1}=f_0-f_1$）である。

$N=4$ のとき，$\omega_4=i$ である。まず，偶数の $m$，すなわち $\widehat{f_0}$，$\widehat{f_2}$ に対して

$$\begin{bmatrix}\widehat{f_0}\\ \widehat{f_2}\end{bmatrix}=\begin{bmatrix}1 & 1\\ 1 & -1\end{bmatrix}\begin{bmatrix}f_0+f_2\\ f_1+f_3\end{bmatrix} \tag{3.94}$$

となる。また奇数の $m$，すなわち $\widehat{f_1}$，$\widehat{f_3}$ に対して

$$\begin{bmatrix}\widehat{f_1}\\ \widehat{f_3}\end{bmatrix}=\begin{bmatrix}1 & 1\\ 1 & -1\end{bmatrix}\begin{bmatrix}f_0-f_2\\ -i(f_1-f_3)\end{bmatrix} \tag{3.95}$$

となる。式 (3.94) と式 (3.95) をまとめると

$$\begin{aligned}\begin{bmatrix}\widehat{f_0}\\ \widehat{f_2}\\ \widehat{f_1}\\ \widehat{f_3}\end{bmatrix}&=\begin{bmatrix}1 & 1 & & \\ 1 & -1 & & \\ & & 1 & 1\\ & & 1 & -1\end{bmatrix}\begin{bmatrix}1 & & 1 & \\ & 1 & & 1\\ 1 & & -1 & \\ & -i & & i\end{bmatrix}\begin{bmatrix}f_0\\ f_1\\ f_2\\ f_3\end{bmatrix}\\ &=\begin{bmatrix}1 & 1 & & \\ 1 & -1 & & \\ & & 1 & 1\\ & & 1 & -1\end{bmatrix}\begin{bmatrix}1 & & & \\ & 1 & & \\ & & 1 & \\ & & & -i\end{bmatrix}\begin{bmatrix}1 & & 1 & \\ & 1 & & 1\\ 1 & & -1 & \\ & 1 & & -1\end{bmatrix}\begin{bmatrix}f_0\\ f_1\\ f_2\\ f_3\end{bmatrix}\end{aligned} \tag{3.96}$$

と書ける。式 (3.96) の右辺の行列を左から $A$, $B$, $C$ と置くと，$C$ は $f_0 \pm f_2$, $f_1 \pm f_3$ で 4 回の加減算，$B$ は（なにもしない 1 倍を除き）$-i$ 倍の 1 回の乗算，$A$ は 2 次の離散フーリエ変換の 2 回分で 4 回の演算からなる。結局合計 9 回の演算回数ですむ。例 3.3 のフーリエ変換の $4 \times 4 + 4 \times 3 = 28$ 回より演算回数は大幅に減っている。

---

**定義 3.11**（ビット反転操作）$N = 2^p$ のとき，$0 \leqq n \leqq N-1$ に対し，各 $n$ の 2 進数表示（ただし $p$ 桁にみたない場合は頭に 0 を必要なだけ付けて $p$ 桁にしたもの）を逆順に並べて 2 進数表示と見なしたものを各 $n$ に対応させることを**ビット反転操作**という。

---

**例 3.5** $N = 4 = 2^2$ のとき，$0 \leqq n \leqq 3$ の十進数表示を Nd，その 2 進数表示を Nb（2 桁表示），Nb を逆順に並べて 2 進数表示と見なしたものを Nbr，Nbr を再び十進数表示したものを Ndr と記すと，$N = 4$ のときのビット反転操作は**表 3.2** のようになる。

**表 3.2**

| Nd | Nb | Nbr | Ndr |
|---|---|---|---|
| 0 | 00 | 00 | 0 |
| 1 | 01 | 10 | 2 |
| 2 | 10 | 01 | 1 |
| 3 | 11 | 11 | 3 |

Ndr の 0，2，1，3 の並び順は，$N = 4$ 次の高速フーリエ変換 (3.96) における左辺のベクトル成分の並び順 ${}^t[\widehat{f_0}, \widehat{f_2}, \widehat{f_1}, \widehat{f_3}]$ に一致する。

---

**注意 3.17** 証明は省略するが，一般に $N = 2^p$ のとき，$0 \leqq n \leqq N-1$ をビット反転操作で並べ替えると，$N$ 次の高速フーリエ変換の左辺のベクトル成分の並び順に一致する。

---

**例題 3.10** $N = 2^p$ 次の高速フーリエ変換では，$pN = N \log_2 N$ 回の加減算と $(p-2)N/2+1 = N(\log_2 N-2)/2+1$ 回の乗算の計 $(3/2)pN-N+1 = (3/2)N \log_2 N - N + 1$ 回の演算回数ですむことを示せ。

---

**証明** $N = 2^p$ 次の高速フーリエ変換における演算回数を，加減算 $a_p$ 回と乗算 $b_p$ 回とすると，式 (3.93) より，$N = 2(p = 1)$ のとき $a_1 = 2$，$b_1 = 0$ である。

例 3.4 のように ${}^t[f_0, \cdots, f_{N-1}]$ から ${}^t[\widehat{f}_0, \cdots, \widehat{f}_{N-1}]$ へ変換する行列を $A$，$B$，$C$ の三つの行列の積に分解する。このとき，$C$ は $N$ 回の加減算，$B$ は $M-1$ 回の乗算，$A$ は $2^{p-1}$ 次の高速フーリエ変換二つ分で $2a_{p-1}$ 回の加減算と $2b_{p-1}$ 回の乗算からなる。よって漸化式

$$\begin{cases} a_p = 2a_{p-1} + N = 2a_{p-1} + 2^p \\ b_p = 2b_{p-1} + M - 1 = 2b_{p-1} + 2^{p-1} - 1 \end{cases} \tag{3.97}$$

が成り立つ。ここで式 (3.97) の第 1 式の両辺を $2^p$ で割ると

$$\frac{a_p}{2^p} = \frac{a_{p-1}}{2^{p-1}} + 1$$

となる。これは $a'_p = a_p/2^p$ が公差 1 の等差数列であることを意味する。$a_1 = 2$ より，$a'_1 = 1$ であるから

$$a'_p = p, \quad a_p = p2^p = pN = N\log_2 N$$

を得る。また，式 (3.97) の第 2 式の両辺を $2^{p-1}$ で割ると

$$\frac{b_p}{2^{p-1}} = \frac{b_{p-1}}{2^{p-2}} + 1 - \frac{1}{2^{p-1}}$$

となる。$b_1 = 0$ より

$$\frac{b_p}{2^{p-1}} = \sum_{s=2}^{p}\left(1 - \frac{1}{2^{s-1}}\right) = p - 1 - 1 + \frac{1}{2^{p-1}}$$

より

$$b_p = 2^{p-1}\left(p - 2 + \frac{1}{2^{p-1}}\right) = p2^{p-1} - 2^p + 1 = \frac{1}{2}N\log_2 N - N + 1$$

を得る。総演算回数は $a_p + b_p$ であるから，$(3/2)pN - N + 1 = (3/2)N\log_2 N - N + 1$ 回である。 □

**練習 3.10** $N = 8 = 2^3$ のとき，$0 \leqq n \leqq 7$ をビット反転操作で並び替えよ。また，8 次の高速フーリエ変換を行列を用いて表せ。

## 章末問題

【1】 つぎの周期 $2\pi$ の関数のフーリエ展開を求めよ。

(1) $f(x) = \begin{cases} 0 & (-\pi < x < 0) \\ 1 & (0 < x < \pi) \\ \dfrac{1}{2} & (x = 0, \pm\pi) \end{cases}$

(2) $g(x) = \cos\dfrac{x}{2} \quad (-\pi \leqq x \leqq \pi)$

【2】 関数 $f(x) = 1/(x^2 + a^2)$ について，つぎの問に答えよ。

(1) $k = 0$，$k > 0$，$k < 0$ に場合分けして，$f(x)$ の複素フーリエ変換 $\widehat{f}(k)$ を求めよ。

(2) $y = \widehat{f}(k)$ のグラフの概形を描け。

【3】 高速フーリエ変換を，$N = 16$ の場合に考察する。つぎの問に答えよ。

(1) 整数列 $0, 1, 2, 3, \cdots, 15$ をビット反転操作で並び替えよ。

(2) $N = 16$ の高速フーリエ変換では，複素乗算と複素加減算の回数はそれぞれ何回必要か求めよ。

【4】 連続かつ有界な関数 $f : \mathbb{R} \to \mathbb{C}$ の実軸上の区間 $(-\infty, \infty)$ における広義積分が絶対収束し，$x \to \pm\infty$ で単調に 0 に収束するとする。$f$ の複素フーリエ変換を $\widehat{f}$ とするとき，つぎの問に答えよ。

(1) $F(x) = \displaystyle\sum_{m\in\mathbb{Z}} f(x + 2\pi m)$ として，$F$ の $n$ 次複素フーリエ係数を $c_n$ とする。このとき，つぎの関係式が成り立つことを示せ。

$$c_n = \frac{1}{2\pi}\widehat{f}(n)$$

(2) (1) を用いて，**ポアソンの和公式**（Poisson summation formula）と呼ばれるつぎの関係式が成り立つことを示せ。

$$\sum_{m\in\mathbb{Z}} f(2\pi m) = \frac{1}{2\pi}\sum_{n\in\mathbb{Z}} \widehat{f}(n)$$

(3) (2) および【2】の結果を用いて，つぎの関係式が成り立つことを示せ。

$$1 + \sum_{m=1}^{\infty} \frac{2}{m^2 + 1} = \frac{\pi}{\tanh \pi}$$

# 4 ラプラス解析

3章で学んだフーリエ変換のさまざまな定理や命題は，急減少関数というクラスの関数に対して成立する。急減少関数という制限を離れてもっと広範なクラスの関数にフーリエ変換を適用するため，関数の定義域を $t \geqq 0$ とし，$t \to \infty$ で減衰する指数関数を掛けてフーリエ変換したものがラプラス変換であると見なせる。すなわち，ラプラス変換はフーリエ変換を改良して，実用上使いやすくした計算手法といえる。

しかしこれは現代から見た後付けの解釈であって，歴史的にはラプラス変換はフーリエの熱伝導の研究に先立つ。ピエール・シモン・ド・ラプラスが1780年代に出版した数編の論文の中に，すでにラプラス変換の式が現れていたのである。

その後19世紀末に，オリヴァー・ヘヴィサイドが回路方程式を解くために導入した演算子法によってラプラス変換が再発見された。こうした経緯から，ラプラス変換は電気回路や制御工学，信号処理など，数学の中でも工学への応用範囲の広い分野である。

回路方程式に現れる微分や積分は，ラプラス変換によって積などの代数的な演算に置き換わるため，時刻に関する微分方程式が周波数の関数の代数方程式に変換され簡易化される。そのため，ラプラス変換は常微分方程式や偏微分方程式に応用されることが多いのである。

本章では，まずラプラス変換を導入し，その基本性質について述べる。また，$t$ のべき関数のラプラス変換に関連して，ガンマ関数を導入する。さらにラプラス逆変換について述べ，その応用として，常微分方程式や偏微分方程式の解法について学ぶ。

## 4.1　ラプラス変換

本節ではまず**ラプラス変換**（Laplace transform）を導入する。

**定義 4.1**（ラプラス変換）　$t \geqq 0$ で定義された関数 $f(t)$ に対し，そのラプラス変換をつぎの式で定める。

$$\mathcal{L}\{f(t)\} = F(s) = \int_0^{\infty} f(t)e^{-st}dt \tag{4.1}$$

**注意 4.1**　式 (4.1) の右辺は

$$\mathcal{L}\{f(t)\} = F(s) = \lim_{\varepsilon \to +0} \int_{-\varepsilon}^{\infty} f(t)e^{-st}dt \tag{4.2}$$

を略記したものである。また，本章では広義積分 (4.1) が収束する場合のみを扱う。

**例 4.1**　$f(t) = 1$ のラプラス変換は

$$\mathcal{L}\{1\} = \int_0^{\infty} e^{-st}dt = \left[-\frac{e^{-st}}{s}\right]_0^{\infty} = \frac{1}{s}$$

である。

**例題 4.1**　$f(t) = t$ のラプラス変換を求めよ。また，$f(t) = t^n$ のラプラス変換を求めよ。

**解答例**　$f(t) = t$ のラプラス変換は

$$\begin{aligned}\mathcal{L}\{t\} &= \int_0^{\infty} te^{-st}dt = \left[t\left(-\frac{e^{-st}}{s}\right)\right]_0^{\infty} + \int_0^{\infty} (t)'\frac{e^{-st}}{s}dt \\ &= \frac{1}{s}\mathcal{L}\{1\} = \frac{1}{s^2}\end{aligned}$$

を得る。一般に $f(t) = t^n$ のラプラス変換は $\mathcal{L}\{t^n\} = n!/s^{n+1}$ である。実際，これが $n$ のとき成り立つとすると

$$\mathcal{L}\{t^{n+1}\} = \int_0^\infty t^{n+1}e^{-st}dt = \left[t^{n+1}\left(-\frac{e^{-st}}{s}\right)\right]_0^\infty + \int_0^\infty (t^{n+1})'\frac{e^{-st}}{s}dt$$
$$= \frac{n+1}{s}\mathcal{L}\{t^n\} = \frac{(n+1)!}{s^{n+2}}$$

となるからである。 ◆

**練習 4.1**　つぎの関数のラプラス変換を求めよ。

(1)　$e^{at}$ $(a < s)$　　(2)　$\cos\omega t$　　(3)　$\sin\omega t$

## 4.2　ラプラス変換の基本性質

本節ではラプラス変換の基本性質を学ぶ。

**定理 4.1**　$f(t)$，$g(t)$ のラプラス変換をそれぞれ $F(s)$，$G(s)$ と書くとき，つぎが成り立つ。

(1)　$\mathcal{L}\{f(at)\} = \dfrac{1}{a}F\left(\dfrac{s}{a}\right)$　$(a > 0)$

(2)　$\mathcal{L}\{e^{at}f(t)\} = F(s-a)$　$(a < s)$

(3)　$\mathcal{L}\{f'(t)\} = sF(s) - f(0)$

(4)　$\mathcal{L}\{f^{(n)}(t)\} = s^nF(s) - (f(0)s^{n-1} + f'(0)s^{n-2} + \cdots + f^{(n-1)}(0))$

(5)　$\mathcal{L}\left\{\displaystyle\int_0^t f(t')dt'\right\} = \dfrac{1}{s}F(s)$

(6)　$\mathcal{L}\{tf(t)\} = -\dfrac{dF(s)}{ds}$

(7)　$\mathcal{L}\{(f*g)(t)\} = F(s)G(s)$

なお，$(f*g)(t)$ は

$$(f*g)(t) = \int_0^t f(u)g(t-u)\,du \tag{4.3}$$

で定義された畳み込みである。

**証明**　(1)　定義式 (4.1) より

$$\mathcal{L}\{f(at)\} = \int_0^\infty f(at)e^{-st}dt = \int_0^\infty f(t')e^{-(s/a)t'}\frac{dt'}{a} = \frac{1}{a}F\left(\frac{s}{a}\right)$$

となる。ここで，$t' = at$ と置き，$dt' = adt$ であることや，$a > 0$ より積分区間が変わらないことを用いた。

(2)　定義式を変形してつぎの関係式を得る。

$$\mathcal{L}\{e^{at}f(t)\} = \int_0^\infty e^{at}f(t)e^{-st}dt = \int_0^\infty f(t)e^{-(s-a)t}dt = F(s-a)$$

(3)　定義式 (4.1) を一度部分積分して，つぎの関係式を得る。

$$\begin{aligned}\mathcal{L}\{f'(t)\} &= \int_0^\infty f'(t)e^{-st}dt = [f(t)e^{-st}]_0^\infty - \int_0^\infty f(t)(e^{-st})'dt \\ &= -f(0) + s\int_0^\infty f(t)e^{-st}dt = -f(0) + sF(s)\end{aligned}$$

(4)　$f^{(n)}(t) = (f^{(n-1)}(t))'$ より，(3) で $f(t)$ に $f^{(n-1)}(t)$ を代入すると

$$\mathcal{L}\{f^{(n)}(t)\} = -f^{(n-1)}(0) + s\mathcal{L}\{f^{(n-1)}(t)\}(s)$$

となる。さらに右辺の $\mathcal{L}\{f^{(n-1)}(t)\}(s)$ を求めるために (3) の $f(t)$ に $f^{(n-2)}(t)$ を代入すると

$$\mathcal{L}\{f^{(n)}(t)\} = -f^{(n-1)}(0) + s(-f^{(n-2)}(0) + s\mathcal{L}\{f^{(n-2)}(t)\}(s))$$

となる。これを繰り返すことにより，つぎの関係式を得る。

$$\mathcal{L}\{f^{(n)}(t)\} = -f^{(n-1)}(0) - sf^{(n-2)}(0) - \cdots - s^{n-1}f(0) + s^nF(s)$$

(5)　$\int_0^t f(t')dt' =: \mathcal{F}(t)$ と置くと，$\mathcal{F}'(t) = f(t)$ である。よって，定義式 (4.1) を一度部分積分して

$$\mathcal{L}\{\mathcal{F}(t)\} = -\left[\mathcal{F}(t)\frac{e^{-st}}{s}\right]_0^\infty + \int_0^\infty f(t)\frac{e^{-st}}{s}dt = \frac{F(s)}{s}$$

となる。ここで，$\mathcal{F}(0) = \int_0^0 f(t')dt' = 0$ であることを用いた。

(6)　定義式 (4.1) で，積分記号下の微分ができると仮定すると

$$\frac{dF(s)}{ds} = \int_0^\infty \frac{\partial}{\partial s}(f(t)e^{-st})dt = -\int_0^\infty tf(t)e^{-st}dt$$

を得る。

(7) 式 (4.3) を式 (4.1) に代入すると

$$\int_0^\infty \left(\int_0^t f(u)g(t-u)du\right)e^{-st}dt = \int_0^\infty \int_0^t f(u)e^{-su}g(t-u)e^{-s(t-u)}du\,dt \tag{4.4}$$

となる。ここで $v=t-u$ と置くと $u,v \geqq 0$，$u+v=t$，$0 \leqq t < \infty$ が積分範囲だから，$(u,t) \mapsto (u,v)$ と変数変換すると，$0 \leqq u,v < \infty$ が積分範囲となる†。また，ヤコビアンは

$$\frac{\partial(u,v)}{\partial(u,t)} = 1$$

であるから，式 (4.4) は

$$\mathcal{L}\{(f*g)(t)\} = \int_0^\infty f(u)e^{-su}du \int_0^\infty g(v)e^{-sv}dv = F(s)G(s)$$

となる。 □

---

**例題 4.2** $x>0$ のとき，つぎの広義積分により定義される関数

$$\Gamma(x) := \int_0^\infty e^{-t}t^{x-1}dt \tag{4.5}$$

を**ガンマ関数**という。ガンマ関数に関するつぎの問に答えよ。

(1) $x>0$ に対して，$\Gamma(x+1) = x\Gamma(x)$ が成り立つことを示せ。

(2) $n \in \mathbb{N}$ に対して，$\Gamma(n)$ の値を求めよ。

---

**解答例** (1) 部分積分を実行して

$$\Gamma(x+1) = \int_0^\infty e^{-t}t^x dt = \left[-e^{-t}t^x\right]_0^\infty + \int_0^\infty e^{-t}(t^x)'dt = x\int_0^\infty e^{-t}t^{x-1}dt$$

より，$\Gamma(x+1) = x\Gamma(x)$ が成り立つ。

(2) $n=1$ に対して

$$\Gamma(1) = \int_0^\infty e^{-t}dt = \left[-e^{-t}\right]_0^\infty = 1$$

である。よって，(1) を繰り返し使うと

---

† $u,v \geqq 0$ かつ $u+v=t$ のとき $(u,v)$ は，座標平面上の点 $(0,t)$ と点 $(t,0)$ を結ぶ線分上を動く。さらに $t$ が $t \geqq 0$ の範囲を動くから，結局 $(u,v)$ は $x$ 軸と $y$ 軸を含めた第 1 象限を動くことになる。

$$\Gamma(n) = (n-1)\Gamma(n-2) = \cdots = (n-1)(n-2)\cdots 1 \cdot \Gamma(1) = (n-1)!$$

を得る。 ◆

**練習 4.2**　$x > 0$ に対して，$\mathcal{L}\{t^{x-1}\}$ をガンマ関数を用いて表せ。

## 4.3　ラプラス逆変換

つぎに，$f(t)$ のラプラス変換 $F(s)$ から元の関数 $f(t)$ を求めるための**ラプラス逆変換**（Laplace inverse transform）について説明する。

**定理 4.2**　$f(t)$ のラプラス変換 $F(s)$ が $\mathrm{Re}\,(s) = c(> 0)$ で絶対収束するとき，つぎが成り立つ。

$$f(t) = \mathcal{L}^{-1}\{F(s)\} = \frac{1}{2\pi i}\int_{c-i\infty}^{c+i\infty} F(s)e^{st}ds \tag{4.6}$$

証明　式 (4.1) より

$$\begin{aligned}\frac{1}{2\pi i}\int_{c-i\infty}^{c+i\infty} F(s)e^{st}ds &= \frac{1}{2\pi i}\int_{c-i\infty}^{c+i\infty}\left(\int_0^\infty f(t')e^{-st'}dt'\right)e^{st}ds \\ &= \frac{1}{2\pi i}\int_0^\infty f(t')\left(\int_{c-i\infty}^{c+i\infty} e^{s(t-t')}ds\right)dt'\end{aligned}$$

となる。第 2 の等式では，積分の順序を取り換えられると仮定した。$s = c + ix$ と置いて $s$ に関する積分を $x$ に関する実軸上の積分に置き換えると

$$\begin{aligned}\frac{1}{2\pi i}\int_{c-i\infty}^{c+i\infty} F(s)e^{st}ds &= \frac{1}{2\pi i}\int_0^\infty f(t')\left(\int_{-\infty}^{\infty} e^{(c+ix)(t-t')}idx\right)dt' \\ &= \int_0^\infty f(t')e^{c(t-t')}\delta(t-t')dt' \\ &= f(t)\end{aligned}$$

が成り立つ。ここで第 2 の等式では式 (3.75) を，最後の等式では式 (3.16) を用いた。 □

**注意 4.2**　$\mathcal{L}(s)$ から $f(t)$ を得る変換（式 (4.6)）を**ラプラス逆変換**という。

公式 (4.6) で積分を実行するには複素関数論の知識[†]が必要となる。そこで簡便法として，つぎのラプラス変換表を，不定積分公式のように活用しよう。

**命題 4.3** 表 4.1 で $f(t)$ のラプラス変換が $F(s)$ で与えられる。

**表 4.1**

| | $f(t)$ | $F(s)$ |
|---|---|---|
| (1) | $t^n$ | $\dfrac{n!}{s^{n+1}}$ |
| (2) | $e^{at}$ | $\dfrac{1}{s-a}$ |
| (3) | $tf(t)$ | $-\dfrac{dF}{ds}$ |
| (4) | $e^{at}f(t)$ | $F(s-a)$ |
| (5) | $\cos\omega t$ | $\dfrac{s}{s^2+\omega^2}$ |
| (6) | $\sin\omega t$ | $\dfrac{\omega}{s^2+\omega^2}$ |
| (7) | $f'(t)$ | $sF(s)-f(0)$ |
| (8) | $f''(t)$ | $s^2F(s)-sf(0)-f'(0)$ |

証明 (1) は例題 4.1 で，(2)，(5)，(6) は練習 4.1 のそれぞれ (1)，(2)，(3) で，(3)，(4)，(7)，(8) は定理 4.1 のそれぞれ (6)，(2)，(3)，(4)（$n=2$ の場合）で，すでに示されている。 □

**例 4.2** $\mathcal{L}^{-1}\{(1/(3s-1))\} = (1/3)\mathcal{L}^{-1}\{1/(s-1/3)\} = e^{t/3}/3$ が成り立つ。

**例題 4.3** $1/(s^2-25)$ のラプラス逆変換を求めよ。

解答例 $1/(s^2-25)$ を部分分数展開すると

$$\frac{1}{s^2-25} = \frac{1}{10}\left(\frac{1}{s-5} - \frac{1}{s+5}\right)$$

† 2 章参照。

となるから

$$\mathcal{L}^{-1}\left\{\frac{1}{s^2-25}\right\}=\frac{1}{10}\left(\mathcal{L}^{-1}\left\{\frac{1}{s-5}\right\}-\mathcal{L}^{-1}\left\{\frac{1}{s+5}\right\}\right)=\frac{e^{5t}-e^{-5t}}{10}$$

を得る。 ◆

**練習 4.3** つぎの関数のラプラス逆変換を求めよ。

(1) $\dfrac{s}{s^2-2s+5}$ (2) $\dfrac{1}{s^3-1}$

## 4.4 常微分方程式への応用

本節では，ラプラス変換の常微分方程式への応用について考察しよう。

1 階の常微分方程式 $af'(t)+bf(t)=g(t)$ を，**初期条件**（initial condition）$f(0)=y_0$ のもとで解く。$f(t)$，$g(t)$ のラプラス変換をそれぞれ $F(s)$，$G(s)$ とすると

$$a(sF(s)-f(0))+bF(s)=G(s), \quad F(s)=\frac{G(s)+ay_0}{as+b}$$

これをラプラス逆変換することにより，つぎの定理を得る。

**定理 4.4** 1 階の常微分方程式 $af'(t)+bf(t)=g(t)$ の初期条件 $f(0)=y_0$ のもとでの解はつぎのように与えられる。

$$f(t)=\mathcal{L}^{-1}\left\{\frac{G(s)+ay_0}{as+b}\right\} \tag{4.7}$$

---

**例題 4.4** つぎの微分方程式を解け。

$$f'(t)-3f(t)=6 \quad (f(0)=1)$$

---

解答例 式 (4.7) より

$$f(t)=\mathcal{L}^{-1}\left\{\frac{\mathcal{L}\{6\}+1}{s-3}\right\}=\mathcal{L}^{-1}\left\{\frac{6/s+1}{s-3}\right\}$$

$$= \mathcal{L}^{-1}\left\{-\frac{2}{s}+\frac{3}{s-3}\right\} = -2+3e^{3t}$$

を得る。 ◆

**練習 4.4** つぎの微分方程式を解け。

$$f'(t) - f(t) = e^t \quad (f(0) = 3)$$

つぎに，2 階の常微分方程式 $af''(t) + bf'(t) + cf(t) = g(t)$ を，初期条件 $f(0) = y_0$，$f'(0) = y_0'$ のもとで解いてみよう。$f(t)$，$g(t)$ のラプラス変換をそれぞれ $F(s)$，$G(s)$ とすると

$$a(s^2F(s) - sf(0) - f'(0)) + b(sF(s) - f(0)) + cF(s) = G(s)$$

$$F(s) = \frac{G(s) + asy_0 + ay_0' + by_0}{as^2 + bs + c}$$

これをラプラス逆変換することにより，つぎの定理を得る。

**定理 4.5** 2 階の常微分方程式 $af''(t) + bf'(t) + cf(t) = g(t)$ の初期条件 $f(0) = y_0$，$f'(0) = y_0'$ のもとでの解は，つぎのように与えられる。

$$f(t) = \mathcal{L}^{-1}\left\{\frac{G(s) + asy_0 + ay_0' + by_0}{as^2 + bs + c}\right\} \tag{4.8}$$

## 4.5 偏微分方程式への応用

本章の最後に，ラプラス変換の偏微分方程式への応用について考察しよう。

$C^2$ 級の 2 変数関数 $f(x,t)$ に対し，$t$ に関するラプラス変換を $F(x,s)$，$F(x,s)$ の $x$ に関するラプラス変換を $G(y,s)$ と置くと

$$F(x,s) = \int_0^\infty f(x,t)e^{-st}dt \tag{4.9}$$

$$G(y,s) = \int_0^\infty F(x,s)e^{-yx}dx \tag{4.10}$$

である。

$f(x,t)$ に関する2階までの偏微分方程式を考える。まず両辺を $t$ に関してラプラス変換すれば，命題4.3の表4.1より

$$\begin{cases} \mathcal{L}\left\{\dfrac{\partial f}{\partial t}(x,t)\right\} = sF(x,s) - f(x,0) \\ \mathcal{L}\left\{\dfrac{\partial^2 f}{\partial t^2}(x,t)\right\} = s^2F(x,s) - sf(x,0) - \dfrac{\partial f}{\partial t}(x,0) \end{cases} \tag{4.11}$$

が成り立つ。$x$ に関する偏微分については，積分記号下の微分ができれば

$$\mathcal{L}\left\{\frac{\partial^n f}{\partial x^n}(x,t)\right\} = \frac{\partial^n F}{\partial x^n}(x,s) \quad (n=1,2) \tag{4.12}$$

が成り立つ。式 (4.11)，式 (4.12) より，$F$ の $x$ に関する偏微分の項が残るから，さらに $x$ に関するラプラス変換を施すと，$G(y,s)$ に関する代数方程式が得られる。具体例で見てみよう。

---

**例題 4.5**　2変数 $C^2$ 級関数 $f(x,t)$ は，$(x,t) \in [0,\pi] \times \mathbb{R}$ で定義され，**熱伝導方程式**（heat equation）

$$\frac{\partial f}{\partial t} = \frac{\partial^2 f}{\partial x^2} \tag{4.13}$$

をみたしている。式 (4.14 a) に示した**境界条件**（boundary condition）と式 (4.14 b) に示した**初期条件**のもとで偏微分方程式 (4.13) を解け。

$$f(0,t) = f(\pi,t) = 0 \tag{4.14 a}$$

$$f(x,0) = \sin nx \tag{4.14 b}$$

---

**解答例**　熱伝導方程式 (4.13) の両辺を $t$ に関してラプラス変換すると

$$sF(x,s) - \sin nx = \frac{\partial^2 F}{\partial x^2}(x,s)$$

となる。ここで，式 (4.14 b) より $f(x,0) = \sin nx$ であることを用いた。さらにこの両辺を $x$ に関してラプラス変換すると

$$sG(y,s) - \frac{n}{y^2+n^2} = y^2G(y,s) - \frac{\partial F}{\partial x}(0,s)$$

となる。ここで，式 (4.14 a) より $F(0,s)=0$ となることを用いた。よって

$$G(y,s)=\frac{(\partial F/\partial x)(0,s)}{y^2-s}-\frac{n}{(y^2-s)(y^2+n^2)}$$

$$=\frac{(\partial F/\partial x)(0,s)}{y^2-s}-\frac{n}{s+n^2}\left(\frac{1}{y^2-s}-\frac{1}{y^2+n^2}\right)$$

を得る。この式の両辺の $y$ に関するラプラス逆変換を施すと

$$F(x,s)=\frac{1}{i\sqrt{s}}\sin(i\sqrt{s}x)\frac{\partial F}{\partial x}(0,s)-\frac{n}{s+n^2}\left(\frac{1}{i\sqrt{s}}\sin(i\sqrt{s}x)-\frac{1}{n}\sin nx\right)$$

$$=\frac{1}{\sqrt{s}}\sinh(\sqrt{s}x)\frac{\partial F}{\partial x}(0,s)-\frac{n}{s+n^2}\left(\frac{1}{\sqrt{s}}\sinh(\sqrt{s}x)-\frac{1}{n}\sin nx\right)$$

となる。ここで，第 1 の等式では $-s=(i\sqrt{s})^2$ であることと命題 4.3 の表 4.1 (6) を用い，第 2 の等式では式 (2.37) を用いた。

さて，境界条件 (4.14 a) より $F(\pi,s)=0$ であるから，$\partial F/\partial x(0,s)=n/(s+n^2)$ でなければならず，結局

$$F(x,s)=\frac{\sin nx}{s+n^2}$$

を得る。この式の両辺の $s$ に関するラプラス逆変換を施すことにより

$$f(x,t)=e^{-n^2t}\sin nx$$

を得る。これが求める解である。◆

**練習 4.5**　2 変数 $C^2$ 級関数 $f(x,t)$ は，$(x,t)\in[0,\pi]\times\mathbb{R}$ で定義され，**波動方程式**（wave equation）

$$\frac{\partial^2 f}{\partial t^2}-\frac{\partial^2 f}{\partial x^2}=0 \tag{4.15}$$

をみたしている。つぎの境界条件 (4.16 a) と初期条件 (4.16 b) のもとで偏微分方程式 (4.15) を解け。

$$f(0,t)=f(\pi,t)=0 \tag{4.16 a}$$

$$f(x,0)=\sin nx,\quad \frac{\partial f}{\partial t}(x,0)=0 \tag{4.16 b}$$

## 章 末 問 題

**【1】** つぎの $t \geqq 0$ で定義された関数のラプラス変換を求めよ。

$$(1)\quad f(t) = \begin{cases} 1 & (a \leqq t \leqq b) \\ 0 & (\text{その他}) \end{cases} \qquad (2)\quad g(t) = t\cos\omega t$$

**【2】** つぎの関数のラプラス逆変換を求めよ。

$$(1)\quad \frac{1}{(s^2+1)^2} \qquad (2)\quad \frac{s}{(s^2+1)^2}$$

**【3】** $C^1$ 級関数 $f(t)$ のラプラス変換 $F(s)$ が存在するとき，つぎの (1), (2) を証明せよ。

(1)　$\displaystyle\lim_{s\to\infty} sF(s) = f(0)$ が成り立つ（**初期値定理**）。

(2)　$\displaystyle\lim_{t\to\infty} f(t) = A$ のとき，$\displaystyle\lim_{s\to 0} sF(s) = A$ が成り立つ（**最終値定理**）。

**【4】** 1 次元の熱伝導方程式

$$\frac{\partial^2 f}{\partial x^2} = \frac{\partial f}{\partial t} \quad (x \in \mathbb{R}, t \geqq 0)$$

をつぎの初期条件と境界条件のもとで解け。$f(x,t)$ は $x$ に関して急減少関数であると仮定してよい。

$$f(x,0) = \delta(x), \quad f(0,t) = \frac{1}{2\sqrt{\pi t}}, \quad \lim_{x\to\pm\infty} f(x,t) = 0$$

# 付　　　録

## A.1　オイラーの関係式

ここでは，本書の複数の章にわたって現れるオイラーの関係式について証明する。2 章の定理などを引用するが，知らない場合は読みとばしてもよい。

**命題 A.1**　$e^z$，$\sin z$，$\cos z$ の収束半径は $\infty$ である。また，任意の複素数 $z$ に対して，**オイラーの関係式**

$$e^{iz} = \cos z + i \sin z \tag{A.1}$$

が成り立つ。

証明　指数関数 $e^z$ のテイラー展開は

$$e^z = \sum_{n=0}^{\infty} \frac{z^n}{n!} = 1 + z + \frac{z^2}{2!} + \frac{z^3}{3!} + \frac{z^4}{4!} + \frac{z^4}{5!} + \cdots \tag{A.2}$$

である。べき級数の係数は $a_n = 1/n!$ であるので，$|a_n|/|a_{n+1}| = n+1 \to \infty\,(n \to \infty)$ となり，定理 2.8 より $e^z$ の収束半径は $\infty$ である。定理 2.7 より，収束半径内では絶対収束しているから，$e^z$ は任意の複素数 $z$ に対して絶対収束する。

定理 2.6 (2) と

$$\begin{aligned}\cos z &= \sum_{n=0}^{\infty} \frac{(-1)^n}{(2n)!} z^{2n} = 1 - \frac{z^2}{2!} + \frac{z^4}{4!} + \cdots \\ \sin z &= \sum_{n=0}^{\infty} \frac{(-1)^n}{(2n+1)!} z^{2n+1} = z - \frac{z^3}{3!} + \frac{z^4}{5!} + \cdots\end{aligned} \tag{A.3}$$

より $\cos z$，$\sin z$ も収束半径 $\infty$ で絶対収束する。

また，定理 2.6 (3) より和の順序を変えても極限値は変わらないから，式 (A.3) と式 (A.2) より

$$\cos z + i\sin z = \sum_{n=0}^{\infty}\frac{(-1)^n}{(2n)!}z^{2n} + i\sum_{n=0}^{\infty}\frac{(-1)^n}{(2n+1)!}z^{2n+1}$$
$$= \sum_{n=0}^{\infty}\frac{1}{(2n)!}(iz)^{2n} + \sum_{n=0}^{\infty}\frac{1}{(2n+1)!}(iz)^{2n+1}$$
$$= \sum_{n=0}^{\infty}\frac{1}{n!}(iz)^{n} = e^{iz}$$

となり，式 (A.1) を得る。 □

**注意 A.1**　オイラーの関係式 (A.1) で $z$ に $-z$ を代入すると，$e^{-iz} = \cos z + i\sin(-z) = \cos z - i\sin z$ となる。これらを逆に解くことにより，つぎの関係式

$$\cos z = \frac{e^{iz}+e^{-iz}}{2}, \quad \sin z = \frac{e^{iz}-e^{-iz}}{2i}, \quad \tan z = \frac{1}{i}\frac{e^{iz}-e^{-iz}}{e^{iz}+e^{-iz}} \tag{A.4}$$

を得る。

$e^{i\theta}$ タイプの指数関数の指数法則は，三角関数の加法定理に帰着される。

**補題 A.2**　つぎの関係式が成り立つ。

$$e^{i\theta_1}e^{i\theta_2} = \cos(\theta_1+\theta_2) + i\sin(\theta_1+\theta_2) = e^{i(\theta_1+\theta_2)} \tag{A.5 a}$$

$$e^{i\theta_1}/e^{i\theta_2} = \cos(\theta_1-\theta_2) + i\sin(\theta_1-\theta_2) = e^{i(\theta_1-\theta_2)} \tag{A.5 b}$$

**証明**　式 (A.5 a) は

$$e^{i\theta_1}e^{i\theta_2} = (\cos\theta_1 + i\sin\theta_1)(\cos\theta_2 + i\sin\theta_2)$$
$$= (\cos\theta_1\cos\theta_2 - \sin\theta_1\sin\theta_2) + i(\sin\theta_1\cos\theta_2 + \cos\theta_1\sin\theta_2)$$
$$= \cos(\theta_1+\theta_2) + i\sin(\theta_1+\theta_2) \tag{A.6}$$

により成り立つ。ここで，式 (A.6) の最後の等式で加法定理を用いた。

式 (A.6) より，$e^{i\theta}e^{-i\theta} = \cos 0 + i\sin 0 = 1$ が成り立つ。式 (A.5 b) の左辺の分母分子に $e^{-i\theta_2}$ を掛けて

$$e^{i\theta_1}/e^{i\theta_2} = e^{i\theta_1}e^{-i\theta_2}/e^{i\theta_2}e^{-i\theta_2}$$
$$= e^{i\theta_1}e^{-i\theta_2}$$
$$= \cos(\theta_1-\theta_2) + i\sin(\theta_1-\theta_2) \tag{A.7}$$

となって，式 (A.5 b) が成り立つ。ここで，式 (A.7) の最後の等式では，式 (A.5 a) で $\theta_2$ を $-\theta_2$ にした公式を用いた。 □

## A.2 ガウス積分公式

ここでは，本書の複数の章にわたって現れるガウス積分の公式について証明する。

**定理 A.3** つぎの積分公式が成り立つ。

$$\int_{-\infty}^{\infty} e^{-ax^2} dx = \sqrt{\frac{\pi}{a}} \tag{A.8}$$

証明 式 (A.8) の左辺を $I$ と置く。2 重積分

$$\begin{aligned} I^2 &= \left(\int_{-\infty}^{\infty} e^{-ax^2} dx\right)\left(\int_{-\infty}^{\infty} e^{-ay^2} dy\right) \\ &= \int\int_{\mathbb{R}^2} e^{-a(x^2+y^2)} dxdy \end{aligned}$$

において極座標変換すると，積分領域は $\{(r,\theta)|0 \leqq r, 0 \leqq \theta < 2\pi\}$ となるので

$$\begin{aligned} I^2 &= \int_0^{\infty} dr \left(\int_0^{2\pi} e^{-ar^2} rd\theta\right) \\ &= 2\pi\left[-\frac{e^{-ar^2}}{2a}\right]_0^{\infty} \\ &= \frac{\pi}{a} \end{aligned}$$

である。被積分関数 $e^{-ax^2} > 0$ より，明らかに $I > 0$ であるから $I = \sqrt{\pi/a}$ を得る。よって，積分公式 (A.8) は示された。 □

**注意 A.2** 積分公式 (A.8) の被積分関数は偶関数であるから，明らかにつぎの公式も成り立つ。

$$\int_0^{\infty} e^{-ax^2} dx = \frac{1}{2}\sqrt{\frac{\pi}{a}} \tag{A.9}$$

# 引用・参考文献


- 本書の前提となる線形代数と 2 変数の微分積分について，つぎの書物の基本的な知識を仮定した。

1）桑野泰宏：基礎からの線形代数，コロナ社（2014）
2）桑野泰宏：基礎からの微分積分，コロナ社（2014）

- 1 章「ベクトル解析」については，つぎの書物を参考にした。

3）杉浦光夫：解析入門 I・II，東京大学出版会（1980, 1985）
4）杉浦光夫，金子　晃，清水英男，岡本和夫：解析演習，東京大学出版会（1989）
5）深谷賢治：電磁場とベクトル解析，岩波書店（2004）

- 第 2 章「複素解析」については，文献3) とともにつぎの書物を参考にした。

6）神保道夫：複素関数入門，岩波書店（2003）

- 3 章「フーリエ解析」と 4 章「ラプラス解析」については，文献4) とともにつぎの書物を参考にした。

7）J・ウィリアムズ 著，山本邦夫，神吉　健 訳：ラプラス変換，共立出版（1975）
8）田代嘉宏：ラプラス変換とその応用，裳華房（1984）
9）高橋陽一郎：実関数とフーリエ解析，岩波書店（2006）
10）氏原真代，波田野浩，福田賢一，福田　覚，田島伸浩：画像数学入門—三角関数，フーリエ変換から装置まで（三訂版），東洋書店（2008）

- 本書で例として引いた電磁気学や流体力学などの物理学に関する内容については，つぎの書物を参考にした。

11）小出昭一郎：物理学（三訂版），裳華房（1997）
12）加藤正昭 著，和田純夫 改訂：演習 電磁気学（新訂版），サイエンス社（2010）

- 数学の歴史については，つぎの書物を参考にした。

13）ヴィクター・J・カッツ 著，上野健爾，三浦伸夫 監訳，中根美知代，林　知宏，佐藤賢一，中澤　聡，高橋秀裕，大谷卓史，東慎一郎　訳：数学の歴史，共立出版（2005）

# 練習問題解答

## 【1章】

**練習 1.1**　$\mathrm{rot}\,\boldsymbol{A}_2 = \dfrac{\partial x}{\partial x} - \dfrac{\partial(-y)}{\partial y} = 2$，$\mathrm{div}\,\boldsymbol{A}_2 = \dfrac{\partial(-y)}{\partial x} + \dfrac{\partial x}{\partial y} = 0$

**練習 1.2**　$\boldsymbol{r}(t) = (\cos t, \sin t)$ のとき，$\boldsymbol{A}(\boldsymbol{r}(t)) = (\cos t, \sin t)$，$d\boldsymbol{r}/dt = (-\sin t, \cos t)$ より，$\boldsymbol{A}(\boldsymbol{r}(t)) \cdot d\boldsymbol{r}/dt = -\cos t \sin t + \sin t \cos t = 0$ となる。よって

$$\int_0^{\pi} \boldsymbol{A}(\boldsymbol{r}(t)) \cdot \frac{d\boldsymbol{r}}{dt} dt = \int_0^{\pi} 0 dt = 0$$

となる。

**練習 1.3**

証明　$S$ の境界 $C$ を $\boldsymbol{r}(t) = (a\cos t, b\sin t)$（$0 \leqq t \leqq 2\pi$）によりパラメータ付けする†。$\boldsymbol{A} = (-b\sin t, a\cos t)$，$d\boldsymbol{r}/dt = (-a\sin t, b\cos t)$ より，$\boldsymbol{A} \cdot d\boldsymbol{r}/dt = ab(\sin^2 t + \cos^2 t) = ab$ である。よって，式 (1.16) の右辺は

$$\int_C \boldsymbol{A} \cdot d\boldsymbol{r} = \int_0^{2\pi} \boldsymbol{A}(\boldsymbol{r}(t)) \cdot \frac{d\boldsymbol{r}}{dt} dt = \int_0^{2\pi} ab dt = 2\pi ab \qquad (解 1.1)$$

である。一方，例題 1.3 より $\mathrm{rot}\,\boldsymbol{A} = 2$ であるから，式 (1.16) の左辺は

$$\int\int_S \mathrm{rot}\,\boldsymbol{A} dx dy = 2\int\int_S dx dy = 2\pi ab \qquad (解 1.2)$$

である。ここで，楕円 $C$ の囲む面積が $\pi ab$ であることを用いた。式 (解 1.1) と式 (解 1.2) により，この場合，定理 1.7 が成り立つ。　□

**練習 1.4**　(1)　$\mathrm{rot}\,\boldsymbol{A} = (0, -2, 0)$ である。$\mathrm{rot}\,\boldsymbol{A}$ は定数ベクトルだから，明らかに $\mathrm{div}\,\mathrm{rot}\,\boldsymbol{A} = 0$ が成り立つ。

(2)　$\mathrm{rot}\,\boldsymbol{A} = (2y, 2z, 2x)$ である。

$$\mathrm{div}\,\mathrm{rot}\,\boldsymbol{A} = \frac{\partial}{\partial x}(2y) + \frac{\partial}{\partial y}(2z) + \frac{\partial}{\partial z}(2x) = 0$$

---

† 実際，$(a\cos t, b\sin t)$ は $(x^2/a^2) + (y^2/b^2) = 1$ をみたす。

より，$\operatorname{div}\operatorname{rot}\boldsymbol{A}=0$ が成り立つ。

**練習 1.5**

証明　(1)　$f\boldsymbol{A}=(fA_1,fA_2,fA_3)$ より

$$\begin{aligned}\operatorname{div}(f\boldsymbol{A})&=\frac{\partial}{\partial x}(fA_1)+\frac{\partial}{\partial y}(fA_2)+\frac{\partial}{\partial z}(fA_3)\\&=\left(\frac{\partial f}{\partial x}A_1+f\frac{\partial A_1}{\partial x}\right)+\left(\frac{\partial f}{\partial y}A_2+f\frac{\partial A_2}{\partial y}\right)+\left(\frac{\partial f}{\partial z}A_3+f\frac{\partial A_3}{\partial z}\right)\\&=\left(\frac{\partial f}{\partial x}A_1+\frac{\partial f}{\partial y}A_2+\frac{\partial f}{\partial z}A_3\right)+f\left(\frac{\partial A_1}{\partial x}+\frac{\partial A_2}{\partial y}+\frac{\partial A_3}{\partial z}\right)\\&=\boldsymbol{A}\cdot\operatorname{grad}f+f\operatorname{div}\boldsymbol{A}\end{aligned}$$

が成り立つ。ここで，第 2 の等式では積の微分法を用いた。

(2)　$\boldsymbol{A}\times\boldsymbol{B}=(A_2B_3-A_3B_2,A_3B_1-A_1B_3,A_1B_2-A_2B_1)$ より

$$\begin{aligned}&\operatorname{div}(\boldsymbol{A}\times\boldsymbol{B})\\&\quad=\partial_x(A_2B_3-A_3B_2)+\partial_y(A_3B_1-A_1B_3)+\partial_z(A_1B_2-A_2B_1)\\&\quad=B_1(\partial_yA_3-\partial_zA_2)+B_2(\partial_zA_1-\partial_xA_3)+B_3(\partial_xA_2-\partial_yA_1)\\&\qquad-A_1(\partial_yB_3-\partial_zB_2)-A_2(\partial_zB_1-\partial_xB_3)-A_3(\partial_xB_2-\partial_yB_1)\\&\quad=\boldsymbol{B}\cdot\operatorname{rot}\boldsymbol{A}-\boldsymbol{A}\cdot\operatorname{rot}\boldsymbol{B}\end{aligned}$$

が成り立つ。ここで，第 2 の等式では積の微分法を用いた。　□

**練習 1.6**

証明　法ベクトル場 $\boldsymbol{n}$ は $\boldsymbol{r}_u$，$\boldsymbol{r}_v$ に垂直で長さ 1 のベクトル場であるから

$$\boldsymbol{n}=\pm\frac{\boldsymbol{r}_u\times\boldsymbol{r}_v}{|\boldsymbol{r}_u\times\boldsymbol{r}_v|}$$

と書ける。ここで右辺の複号は，$\boldsymbol{n}$ と $\boldsymbol{r}_u\times\boldsymbol{r}_v$ が同じ向きであるときは $+$，逆向きであるときは $-$ である。後者の場合は，命題 1.1 より $u$ と $v$ の役割を入れ替えると符号を $+$ にすることができる。つまり，必要ならば $u$ と $v$ の役割を入れ替えることにより

$$\boldsymbol{n}=\frac{\boldsymbol{r}_u\times\boldsymbol{r}_v}{|\boldsymbol{r}_u\times\boldsymbol{r}_v|}$$

とできる。よって，式 (1.33) と式 (1.34) より

$$\begin{aligned}\iint_S\boldsymbol{A}\cdot\boldsymbol{n}\,dS&=\iint_D\boldsymbol{A}\cdot\left(\frac{\boldsymbol{r}_u\times\boldsymbol{r}_v}{|\boldsymbol{r}_u\times\boldsymbol{r}_v|}\right)|\boldsymbol{r}_u\times\boldsymbol{r}_v|\,dudv\\&=\iint_D\boldsymbol{A}\cdot(\boldsymbol{r}_u\times\boldsymbol{r}_v)\,dudv\end{aligned}$$

を得る。よって題意は示された。 □

**練習 1.7**

証明 領域 $S$ とその区分的 $C^1$ 級の境界 $C$ に対し，ストークスの定理により

$$\oint_C \boldsymbol{E}\cdot d\boldsymbol{r} = \int\int_S \mathrm{rot}\,\boldsymbol{E}\cdot\boldsymbol{n}\,dS = 0$$

となる。第 2 の等式では法則 1.11 を用いた。閉曲線 $C$ 上の任意の 2 点 O, P によって，$C$ は O から P への二つの曲線 $C_1$ と $C_2$ に分割される（**解図 1.1**）。そこで，閉曲線に向きを付けて考えれば

$$0 = \oint_C \boldsymbol{E}(\boldsymbol{r})\cdot d\boldsymbol{r} = \int_{C_1} \boldsymbol{E}(\boldsymbol{r})\cdot d\boldsymbol{r} - \int_{C_2} \boldsymbol{E}(\boldsymbol{r})\cdot d\boldsymbol{r}$$

つまり

$$\int_{C_1} \boldsymbol{E}(\boldsymbol{r})\cdot d\boldsymbol{r} = \int_{C_2} \boldsymbol{E}(\boldsymbol{r})\cdot d\boldsymbol{r}$$

P
$C_2$
$C_1$
O

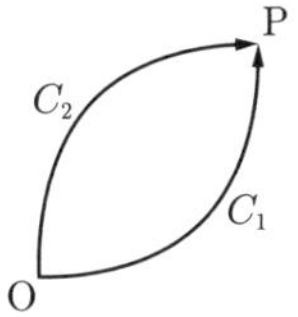

**解図 1.1** 二つの経路

が成り立つので，$\varphi$ は始点と終点のみによって，その経路にはよらない。 □

**練習 1.8**

証明 $S$ が囲む体積領域を $V$ とすると，式 (1.57) の左辺はガウスの定理より

$$\int\int_S (\mathrm{rot}\,\boldsymbol{A})\cdot\boldsymbol{n}\,dS = \int\int\int_V \mathrm{div}\,(\mathrm{rot}\,\boldsymbol{A})\,dxdydz = 0 \quad (解\ 1.3)$$

となる。ここで式 (解 1.3) の最後の等式で，$\mathrm{div}\,\mathrm{rot}\,\boldsymbol{A} = 0$ である（式 (1.29)）ことを用いた。 □

**練習 1.9**

証明 例題 1.5 (1) より，$\mathrm{rot}\,\left(\boldsymbol{j}(\boldsymbol{r}')/|\boldsymbol{r}-\boldsymbol{r}'|\right) = \mathrm{rot}\,\boldsymbol{j}(\boldsymbol{r}')/|\boldsymbol{r}-\boldsymbol{r}'| + \mathrm{grad}\,(1/|\boldsymbol{r}-\boldsymbol{r}'|)\times\boldsymbol{j}(\boldsymbol{r}')$ となることを念頭に，式 (1.73) と比べると $\mathrm{rot}\,\boldsymbol{A}(\boldsymbol{r}) = \boldsymbol{B}(\boldsymbol{r})$ をみたすことがわかる。なお，rot は $\boldsymbol{r}$ に関する微分演算子だから，$\mathrm{rot}\,\boldsymbol{j}(\boldsymbol{r}') = 0$ であることに注意せよ。 □

**練習 1.10** 運動方程式 $md\boldsymbol{v}/dt = q\boldsymbol{v}\times\boldsymbol{B}$ を成分ごとに書くと，$\boldsymbol{B} = (0, 0, B)$ より

$$m\frac{dv_x}{dt} = qv_yB, \quad m\frac{dv_y}{dt} = -qv_xB, \quad m\frac{dv_z}{dt} = 0 \qquad \text{(解 1.4)}$$

である。よって，速度 $\boldsymbol{v}$ の磁場に平行な成分 $v_z$ は時間変化しない。そこで，$v = |\boldsymbol{v}|$ として，$v_z = v\cos\alpha$ と置くと，磁場に垂直な成分は $v\sin\alpha$ に等しい。式 (解 1.4) の最初の 2 式を連立させて

$$\frac{d^2v_x}{dt^2} = \frac{d}{dt}\left(\frac{qBv_y}{m}\right) = -\left(\frac{qB}{m}\right)^2 v_x$$

となるから，時刻 0 での速度を $\boldsymbol{v} = (0, v\sin\alpha, v\cos\alpha)$ として

$$v_x = v\sin\alpha\sin\left(\frac{qB}{m}t\right), \quad v_y = v\sin\alpha\cos\left(\frac{qB}{m}t\right)$$

のように解ける。時刻 0 で原点にいたという初期条件のもとで，これを時刻 $t$ で積分することにより，つぎの式を得る。

$$x = \frac{mv\sin\alpha}{qB}\left[1 - \cos\left(\frac{qB}{m}t\right)\right], \quad y = \frac{mv\sin\alpha}{qB}\sin\left(\frac{qB}{m}t\right)$$

以上により，荷電粒子の運動の $xy$ 平面への正射影は，半径 $r = mv\sin\alpha/qB$，角速度 $\omega = qB/m$ の等速円運動であり，その周期は，$(qB/m)T = 2\pi$ より $T = 2\pi m/qB$ である。したがって，粒子は磁場に平行な軸のまわりのらせん運動を行い，1 周する間につぎの高さだけ磁場の方向に上昇する。

$$h = \frac{2\pi mv}{qB}\cos\alpha$$

**練習 1.11**

証明　式 (1.91) 中の定数ベクトルを $\boldsymbol{E}_0 = (E_1, E_2, E_3)$, $\boldsymbol{B}_0 = (B_1, B_2, B_3)$, $\boldsymbol{k}_0 = (k_1, k_2, k_3)$ と置く。このとき，式 (1.89) の第 2 式の $x$ 成分は

$$(k_2E_3 - k_3E_2 - \omega B_1)\cos(\boldsymbol{k}\cdot\boldsymbol{r} - \omega t + \delta) = 0$$

となる。また，式 (1.89) の第 2 式の $y$，$z$ 成分は，この式の $E$，$B$，$k$ の添え字の 1，2，3 を巡回的に入れ換えれば得られる。よって

$$\boldsymbol{k}\times\boldsymbol{E} = \omega\boldsymbol{B} \qquad \text{(解 1.5)}$$

が成り立つ。外積の性質により，$\boldsymbol{B}$ は $\boldsymbol{E}$，$\boldsymbol{k}$ と直交している。また，式 (1.89) の第 4 式より同様に

$$\boldsymbol{k} \times \boldsymbol{B} = -\frac{\omega}{c^2}\boldsymbol{E} \qquad (解 1.6)$$

が成り立つ。これにより $\boldsymbol{E}$ と $\boldsymbol{k}$ も直交していることがわかる。よって，$\boldsymbol{E}$, $\boldsymbol{B}$, $\boldsymbol{k}$ はたがいに直交し，$\omega > 0$ よりこの順で右手系をなしている。

さらに，式 (解 1.5)，式 (解 1.6) の両辺の絶対値をとると

$$|\boldsymbol{k}||\boldsymbol{E}| = \omega|\boldsymbol{B}|, \quad |\boldsymbol{k}||\boldsymbol{B}| = \frac{\omega}{c^2}|\boldsymbol{E}|$$

となる。この二つの式を辺々掛けると $|\boldsymbol{k}|^2 = \omega^2/c^2$，$\omega > 0$ より $\omega = c|\boldsymbol{k}|$ が成り立つ。これを上の式に再度代入すると，$|\boldsymbol{E}| = c|\boldsymbol{B}|$ が成り立つ。 □

## 【2 章】

**練習 2.1**　$z^3 = 1$ の根は，$z^3 - 1 = (z-1)(z^2+z+1) = 0$ より，$z = 1, (-1 \pm \sqrt{3}i)/2$ である。$\omega_\pm = (-1 \pm \sqrt{3}i)/2$ と置くと，$z^3 = a$ の一つの根を $\alpha$ とすれば，ほかの根は $z = \alpha\omega_\pm$ である。

$$z^3 = -2 + 2i = 2\sqrt{2}\left(-\frac{1}{\sqrt{2}} + \frac{1}{\sqrt{2}}i\right) = 2\sqrt{2}e^{3\pi i/4} = (\sqrt{2}e^{\pi i/4})^3$$

より，求める根の一つは $z = \sqrt{2}e^{\pi i/4} = 1 + i$ である。よって，$z^3 = -2 + 2i$ の根は $z = 1 + i$，$(1+i)\omega_\pm$，すなわち

$$z = 1 + i, \quad \frac{-\sqrt{3} - 1 + (\sqrt{3} - 1)i}{2}, \quad \frac{\sqrt{3} - 1 - (\sqrt{3} + 1)i}{2}$$

である。また，$-2 - 2i = \overline{-2 + 2i}$ であり，$(\bar{z})^3 = \overline{z^3}$ であるから，$z^3 = -2 - 2i$ の根は，$z^3 = -2 + 2i$ の根の複素共役となり

$$z = 1 - i, \quad \frac{-\sqrt{3} - 1 - (\sqrt{3} - 1)i}{2}, \quad \frac{\sqrt{3} - 1 + (\sqrt{3} + 1)i}{2}$$

を得る。

**練習 2.2**　例 2.2 の 3 次方程式に対する補助 2 次方程式は，式 (2.19) である。これを解くと，$t = -2 \pm 2i$ である。$u^3 = -2 + 2i$，$v^3 = -2 - 2i$ の根の一つは，$u = 1 + i$，$v = 1 - i$ である（練習 2.1 参照）。なお，$uv = (1+i)(1-i) = 2$ であり，方程式を $x^3 + 3px + q = 0$ と書いたとき，$uv = -p$ をみたしている。

よって，$x = -u - v = -2$ が根の一つである。ほかの根は，$uv = 2$ となるようにするため，$\omega_+\omega_- = 1$ に注意すれば，$(u, v) = ((1+i)\omega_\pm, (1-i)\omega_\mp)$ とすればよい。よって，$x = -(1+i)\omega_\pm - (1-i)\omega_\mp$ より，$x = 1 \pm \sqrt{3}$ である。

**練習 2.3**　$\alpha=-k$ $(k=0,1,2,\cdots)$ のとき，$n \geqq k+1$ に対して $(\alpha)_n=0$ である。つまり，式 (2.3) は無限級数ではなく $k$ 次以下の多項式となる。よって，$F(\alpha,\beta,\gamma;z)$ の収束半径は $\infty$ である。$\beta=0,-1,-2,\cdots$ のときも同様である。

$\alpha \neq 0,-1,-2,\cdots$ かつ $\beta \neq 0,-1,-2,\cdots$ のとき

$$\lim_{n\to\infty}\left|\frac{(\alpha)_n(\beta)_n}{(\gamma)_n n!}\right| \bigg/ \left|\frac{(\alpha)_{n+1}(\beta)_{n+1}}{(\gamma)_{n+1}(n+1)!}\right| = \lim_{n\to\infty}\left|\frac{(n+1)(\gamma+n)}{(\alpha+n)(\beta+n)}\right| = 1$$

より，係数比判定法（定理 2.8）より収束半径は 1 である。

**練習 2.4**

**証明**　$\tan z = 1/\tan z - (2/\tan 2z)$ が成り立つことに注意する。この関係式は

$$\frac{\cos z}{\sin z} - \frac{\sin z}{\cos z} = \frac{\cos^2 z - \sin^2 z}{\sin z \cos z} = \frac{2\cos 2z}{\sin 2z}$$

であるから成り立つ。よって，例題 2.4 を用いてつぎの式を得る。

$$\begin{aligned}
\tan z &= \frac{1}{\tan z} - \frac{2}{\tan 2z} \\
&= \frac{1}{z} - \sum_{n=1}^{\infty}\frac{2^{2n}B_{2n}}{(2n)!}z^{2n-1} - \frac{2}{2z} + 2\sum_{n=1}^{\infty}\frac{2^{2n}B_{2n}}{(2n)!}(2z)^{2n-1} \\
&= \sum_{n=1}^{\infty}\frac{2^{2n}(2^{2n}-1)B_{2n}}{(2n)!}z^{2n-1}
\end{aligned}$$
□

**練習 2.5**　関係式 (2.37) を与式に代入すると

$$\begin{aligned}
\frac{\cosh y - \cos x}{\sin x - i\sinh y} &= \frac{\cos(iy) - \cos x}{\sin x - \sin(iy)} = \frac{2\sin((x+iy)/2)\sin((x-iy)/2)}{2\cos((x+iy)/2)\sin((x-iy)/2)} \\
&= \tan\frac{z}{2}
\end{aligned}$$

が成り立つ。ここで，第 1 の等式では式 (2.37) を，第 2 の等式では分母分子ともに三角関数の差を積に直す公式を用いた。よって，与式は正則関数である。

**練習 2.6**　積分路 $C$ 上，$z=re^{i\theta}$ $(0 \leqq \theta \leqq 2\pi)$ とパラメータ表示できる。$dz = ire^{i\theta}d\theta$ より

$$\int_C z dz = \int_0^{2\pi} re^{i\theta}(ire^{i\theta}d\theta) = \left[\frac{r^2e^{2i\theta}}{2}\right]_0^{2\pi} = 0$$

を得る。一方，$\bar{z}=re^{-i\theta}$ の積分は

$$\int_C \bar{z}dz = \int_0^{2\pi} re^{-i\theta}(ire^{i\theta}d\theta) = \left[ir^2\theta\right]_0^{2\pi} = 2\pi ir^2$$

となる。

**練習 2.7**　$0 < r < a$ のとき，積分路 $|z| = r$ とそれが囲む領域で，被積分関数 $1/(z-a)$ は正則である。よって，定理 2.15 より

$$\oint_{|z|=r} \frac{dz}{z-a} = 0$$

が成り立つ。また，$0 < a < r$ のとき，$\varepsilon$ を非常に小さい正数として，複素平面上で原点を中心とする半径 $r$ の円から $z = a$ を中心とする半径 $\varepsilon$ の円をくりぬいた領域 $D$ で，被積分関数 $1/(z-a)$ は正則である。よって，定理 2.15 より

$$\left(\oint_{|z|=r} - \oint_{|z-a|=\varepsilon}\right) \frac{dz}{z-a} = 0$$

が成り立つ。よって

$$\oint_{|z|=r} \frac{dz}{z-a} = \oint_{|z-a|=\varepsilon} \frac{dz}{z-a} = 2\pi i$$

を得る。最後の等式で，例題 2.7 の結果を用いた。

**練習 2.8**

証明　(1)　$z = x + iy$（$x > 0$）に対し，$w = \dfrac{z}{z+1} = \dfrac{x+iy}{x+iy+1}$ は

$$|w|^2 = \frac{|z|^2}{|z+1|^2} = \frac{x^2+y^2}{(x+1)^2+y^2} < 1$$

をみたす。よって，$|z/(z+1)| < 1$ が成り立つ。

(2)　整関数 $f(z)$ に対して，$\mathrm{Re}\,(f(z)) > 0$ が成り立つならば，$f(z)+1 = 0$ となることはない。よって，$g(z) = f(z)/(f(z)+1)$ も整関数であり，さらに (1) より，$|g(z)| < 1$ が成り立つ。リウヴィルの定理（定理 2.19）より，至るところ有界な整関数は定数しかない。よって，$g(z)$ は定数であり，$g(z) = C$（$C$ は $|C| < 1$ をみたすある定数）を解くことにより，$f(z) = C/(1-C)$ も定数でなければならない。　□

**練習 2.9**　以下，一例を挙げる[†]。

† それ以外の例もあるので，各自考えてみよ。

(1)　$z_n = 1/n$ と置くと，$\lim_{n\to\infty} z_n = 0$ であり，$|f(z_n)| = e^n \to \infty$ $(n \to \infty)$ が成り立つ。

(2)　$z_n = -1/n$ と置くと，$\lim_{n\to\infty} z_n = 0$ であり，$f(z_n) = e^{-n} \to 0$ $(n \to \infty)$ が成り立つ。

(3)　$z_n = 1/(2n\pi i + \log\alpha)$ と置くと，$\lim_{n\to\infty} z_n = 0$ であり，$f(z_n) = e^{2n\pi i + \log\alpha} \to \alpha$ $(n \to \infty)$ が成り立つ。

**練習 2.10**　(1)　$z = \pm i$ は分母の零点，すなわち $1/(z^2+1)$ の極となる。$z = \pm i$ における留数は，それぞれつぎで与えられる。

$$\lim_{z\to\pm i} \frac{z \mp i}{z^2+1} = \lim_{z\to\pm i} \frac{1}{z \pm i} = \pm\frac{1}{2i}$$

(2)　$z = n$ $(n \in \mathbb{Z})$ は分母の零点，すなわち $1/\tan^2 \pi z$ の極となる。$z = n$ は 2 位の極であるから，留数は 0 である。

**練習 2.11**　$f(z) = z^{\alpha-1}/(1+z)$ を**解図 2.1** の経路に沿って積分しよう。ここで図に示された向きの原点を中心とする半径 $\varepsilon$, $R$ の円に沿った積分路をそれぞれ $C_\varepsilon$, $C_R$ とする。

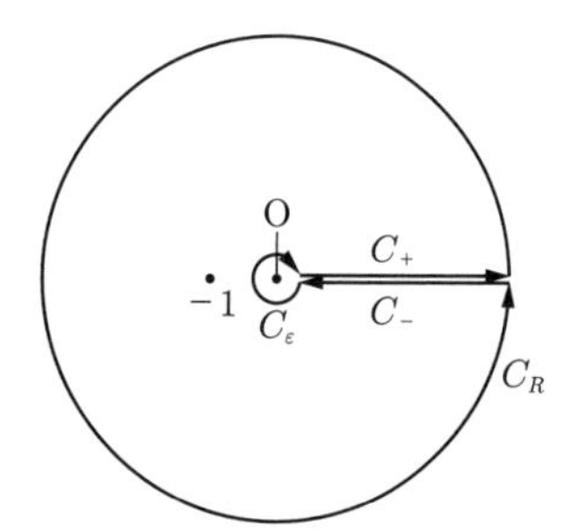


**解図 2.1**　練習 2.11 の積分路

積分路 $C_+$ 上では $f(z) = x^{\alpha-1}/(1+x)$，$C_-$ 上では $f(z) = (e^{2\pi i}x)^{\alpha-1}/(1+e^{2\pi i}x)$ であるから

$$\left(\int_{C_+} + \int_{C_-}\right) f(z)dz = \int_\varepsilon^R \frac{(1-e^{2\pi i(\alpha-1)})x^{\alpha-1}}{1+x} dx \qquad (解 2.1)$$

積分路 $C_\varepsilon$ 上では，$z = \varepsilon e^{i\theta}$ と置いて

$$\int_{C_\varepsilon} f(z)dz = \int_{2\pi}^0 \frac{(\varepsilon e^{i\theta})^{\alpha-1}}{1+\varepsilon e^{i\theta}} i\varepsilon e^{i\theta} d\theta \to 0 \quad (\varepsilon \to +0) \qquad (解 2.2)$$

となる。また，積分路 $C_R$ 上では $z = Re^{i\theta}$ と置いて

$$\left|\int_{C_R} f(z)dz\right| \leqq \int_0^{2\pi} \left|\frac{(Re^{i\theta})^{\alpha-1}}{1+Re^{i\theta}} iRe^{i\theta}\right| d\theta$$
$$\leqq \int_0^{2\pi} \frac{R^\alpha}{R-1} d\theta = \frac{2\pi R^\alpha}{R-1} \to 0 \quad (R \to +\infty) \qquad (解 2.3)$$

となる。また，閉経路 $C_- + C_\varepsilon + C_+ + C_R$ 内で $f(z)$ は $z = -1(= e^{\pi i})$ に唯一の極をもち，その留数は $e^{\pi i(\alpha-1)}$ である。よって，式 (解 2.1)，式 (解 2.2)，式 (解 2.3) より

$$\int_\varepsilon^R \frac{(1 - e^{2\pi i(\alpha-1)})x^{\alpha-1}}{1+x} dx \to 2\pi i e^{\pi i(\alpha-1)} \quad (\varepsilon \to +0, R \to +\infty) \qquad (解 2.4)$$

式 (解 2.4) の両辺を $2ie^{\pi i(\alpha-1)}$ で割ると

$$\frac{e^{-\pi i(\alpha-1)} - e^{\pi i(\alpha-1)}}{2i} = -\sin\pi(\alpha-1) = \sin\pi\alpha$$

であるから，$I = \pi/\sin\pi\alpha$ を得る。

**練習 2.12**　(1)　$z = 0 \iff x = y = 0$ であるから，式 (2.84) に代入して，$(X, Y, Z) = (0, 0, 1)$，すなわち北極点 $N$ に対応する。

(2)　$|z| < 1$ を式 (2.84) に代入すると，$Z > 0$，すなわち単位球面の北半球上の点に対応する。$z = x + iy$ が $|z| < 1$ の全体を動くとき，式 (2.84) の点 $(X, Y, Z)$ が単位球面の北半球全体を動くことは，以下のように示すことができる。

$|z| = 1$ と置くと，式 (2.84) は $Z = 0$，すなわち単位球面の赤道上の点に対応し，$|z| > 1$ と置くと，式 (2.84) は $Z < 0$，すなわち単位球面の南半球上の点に対応する。例題 2.12 により，複素平面と単位球面（南極点 $S$ を除く）は 1 : 1 対応している。複素平面の $|z| < 1$ は単位球面の北半球の点に，$|z| \geqq 1$ は単位球面の赤道および南半球上の点（南極点 $S$ を除く）に対応していることから，逆に単位球面の北半球の任意の点は，複素平面上の領域 $|z| < 1$ から対応（式 (2.84)）によって得られる。よって，単位球面上の北半球全体と 1 : 1 に対応する。

**注意**　同様に，複素平面の $|z| = 1$ は単位球面上の赤道全体と，$|z| > 1$ は単位球面上の南半球全体（南極点 $S$ を除く）と 1 : 1 に対応する。

**練習 2.13**

$$f(z) = z^2 - z + 2 - \frac{z+1}{z^2+z+1} = z^2 - z + 2 - \frac{z+1}{z^2\left(1 + \frac{1}{z} + \frac{1}{z^2}\right)}$$

$$= z^2 - z + 2 - \left(\frac{1}{z} + \frac{1}{z^2}\right)\left(1 + O\left(\frac{1}{z}\right)\right)$$

$$= z^2 - z + 2 - \frac{1}{z} + O\left(\frac{1}{z^2}\right)$$

を得る†。よって，$z = \infty$ での主要部は $z^2 - z$，留数は 1 である。

## 【3 章】

### 練習 3.1

証明　式 (3.7) は $\cos nx = (e^{inx} + e^{-inx})/2$，$\sin nx = (e^{inx} - e^{-inx})/2i$ より

$$f(x) = \frac{a_0}{2} + \sum_{n=1}^{N}\left(a_n \frac{e^{inx} + e^{-inx}}{2} + b_n \frac{e^{inx} - e^{-inx}}{2i}\right)$$

$$= \frac{a_0}{2} + \sum_{n=1}^{N}\left(\frac{a_n - ib_n}{2} e^{inx} + \frac{a_n + ib_n}{2} e^{-inx}\right)$$

と書き直せる。これと式 (3.11) とを比べて

$$c_n = \begin{cases} \dfrac{a_0}{2} & (n = 0) \\ \dfrac{a_n - ib_n}{2} & (n = 1, 2, 3, \cdots, N) \\ \dfrac{a_{-n} + ib_{-n}}{2} & (n = -1, -2, -3, \cdots, -N) \end{cases} \qquad (解 3.1)$$

を得る。これに式 (3.8) を代入して

$$c_0 = \frac{1}{2\pi}\int_{-\pi}^{\pi} f(x)dx \qquad (解 3.2)$$

また，$n = 1, 2, 3, \cdots, N$ に対して

$$c_n = \frac{1}{2\pi}\int_{-\pi}^{\pi} f(x)(\cos nx - i\sin nx)dx$$

$$= \frac{1}{2\pi}\int_{-\pi}^{\pi} f(x)e^{-inx}dx \qquad (解 3.3)$$

さらに，$n = -1, -2, -3, \cdots, -N$ に対して

$$c_n = \frac{1}{2\pi}\int_{-\pi}^{\pi} f(x)(\cos(-nx) + i\sin(-nx))dx$$

† $O(1/z^2)$ などはランダウの記号である。巻頭の本書で用いる記号 (5) 参照。

$$= \frac{1}{2\pi}\int_{-\pi}^{\pi} f(x)e^{-inx}dx \qquad (解 3.4)$$

となる。よって式 (解 3.2)〜式 (解 3.4) より，式 (3.12) が成り立つ。

また，$f(x)$ が実数値関数のとき，明らかに $a_n$，$b_n$ は実数である。式 (解 3.1) より，$m = -n < 0$ のとき $c_{-n} = (a_n + ib_n)/2$ であるから，$c_n = (a_n - ib_n)/2$ と比べることにより，$c_{-n} = \overline{c_n}$ が成り立つ。したがって $c_n = \overline{c_{-n}}$ でもあるから，$n = -m > 0$ のときも $c_{-m} = \overline{c_m}$ が成り立っている。

□

**練習 3.2**

証明　例題 3.2 のステップ関数 $H(x)$ を用いて，$\operatorname{sign} x = 2H(x) - 1$ と書ける。よって，$(\operatorname{sign} x)' = 2H'(x) = 2\delta(x)$ が成り立つ。ここで，注意 3.1 を用いた。□

**注意**　$\operatorname{sign} x = 2H(x) - 1$ から逆算すると，$H(0) = 1/2$ ということになる。例題 3.2 ではその点をあいまいにしてきたが，実際それで矛盾しないのだろうか。

じつは，デルタ関数は偶関数である。すなわち，$\delta(-x) = \delta(x)$ が成り立つ。これは $x \neq 0$ で $\delta(x) = 0$ であるから，$x > 0$ であれ $x < 0$ であれ，$\delta(-x) = \delta(x) = 0$ が成り立つからである。

式 (3.15) の第 2 式と偶関数の性質により

$$1 = \int_{-\infty}^{\infty} \delta(x)dx = 2\int_{-\infty}^{0} \delta(x)dx = 2H(0)$$

であるから，$H(0) = 1/2$ が得られる。

**練習 3.3**

証明　$x > 0$ のとき，積分区間を $[-\pi - x, -\pi]$ と $[-\pi, \pi - x]$ に分割すると

$$S_N[f](x) = \frac{1}{2\pi}\left(\int_{-\pi-x}^{-\pi} + \int_{-\pi}^{\pi-x}\right) f(x+\theta)D_N(\theta)d\theta$$

となる。この式の右辺第 1 項で，$\theta + 2\pi$ をあらためて $\theta$ と置くと，新しい積分区間は $[\pi - x, \pi]$ となる。ただし，$f(x+\theta)$ は $f(x+\theta-2\pi)$ へと置き換えが必要である†。すると

$$S_N[f](x) = \frac{1}{2\pi}\left(\int_{\pi-x}^{\pi} f(x+\theta-2\pi)D_N(\theta)d\theta + \int_{-\pi}^{\pi-x} f(x+\theta)D_N(\theta)d\theta\right)$$

† $D_N(\theta + 2\pi) = D_N(\theta)$ なので，ディリクレ核はそのままでよい。

と変形できる。これは式 (3.37) を意味する。　□

**練習 3.4**　任意の自然数 $n=1,2,3,\cdots$ に対し，$f_n(0)=f_n(1)=0$ であるから，$x=0,1$ に対し

$$\lim_{n\to\infty} f_n(x)=0$$

が成り立つ。

$0<x<1$ のとき，$n>1/x$ をみたすすべての $n$ に対し，$x>1/n$ であるから，$f_n(x)=0$ となる。よって，$0<x<1$ に対しても

$$\lim_{n\to\infty} f_n(x)=0$$

が成り立つ。よって

$$\int_0^1 \lim_{n\to\infty} f_n(x)dx=\int_0^1 0dx=0$$

となる。

一方，$\int_0^1 f_n(x)dx$ は，**解図 3.1** の $y=f_n(x)$ と $x$ 軸とに挟まれた領域の面積であり，底辺 $1/n$，高さ $2n$ の三角形の面積に等しい。よって

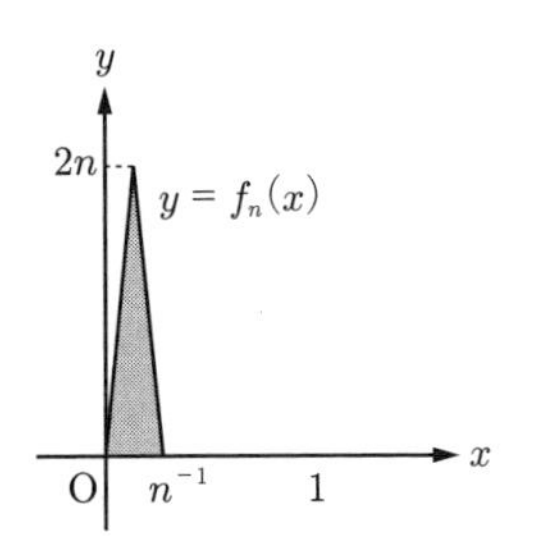


**解図 3.1**　$y=f_n(x)$ のグラフ

$$\int_0^1 f_n(x)dx=1$$

したがって

$$\lim_{n\to\infty}\int_0^1 f_n(x)dx=1$$

が成り立つ。よって

$$\lim_{n\to\infty}\int_0^1 f_n(x)dx=\int_0^1 \lim_{n\to\infty} f_n(x)dx$$

は成り立たない。

**注意**　関数列 $f_n(x)$ は，$[0,1]$ の各点で $f(x)=0$ に収束（各点収束）するが，一様収束しない。一様収束しない関数列の場合，積分と極限の順序を取り換えられないことがある。

**練習 3.5**　$g(x)$ は奇関数だから $a_n = 0$ である。また

$$b_n = \frac{2}{\pi}\int_0^\pi \sin nx dx = \left[-\frac{2}{\pi}\frac{\cos nx}{n}\right]_0^\pi$$
$$= \frac{2(1-(-1)^n)}{n\pi} = \begin{cases} \dfrac{4}{n\pi} & (n = 1, 3, 5, \cdots) \\ 0 & (n = 2, 4, 6, \cdots) \end{cases}$$

よって，$g(x)$ のフーリエ級数は

$$S[g](x) = \mathrm{sign}\ x = \frac{4}{\pi}\sum_{n=1}^{\infty}\frac{1}{(2n-1)}\sin(2n-1)x \qquad \text{(解 3.5)}$$

例題 3.5 の $f$ と練習 3.5 の $g$ との間には，$f'(x) = g(x)$ の関係が成り立っており

$$(S[f](x))' = -\frac{4}{\pi}\sum_{n=1}^{\infty}\frac{1}{(2n-1)^2}(\cos(2n-1)x)' = S[g](x)$$

より，$g(x)$ のフーリエ級数は，$f(x)$ のフーリエ級数を項別微分して得られる。

**注意**　式 (解 3.5) の両辺に $x = \pi/2$ を代入して，マーダヴァ・ライプニッツ級数を得る。

$$1 = \frac{4}{\pi}\sum_{n=1}^{\infty}\frac{(-1)^{n-1}}{2n-1} = \frac{4}{\pi}\left(1 - \frac{1}{3} + \frac{1}{5} - \frac{1}{7} + \cdots\right) \qquad \text{(解 3.6)}$$

**練習 3.6**　1° $k$ が偶数のとき，$f_k(x)$ は偶関数だから $b_n^{(k)} = 0$ である。また

$$a_0^{(k)} = \frac{2}{\pi}\int_0^\pi x^k dx = \frac{2}{\pi}\left[\frac{x^{k+1}}{k+1}\right]_0^\pi = \frac{2\pi^k}{k+1}$$
$$a_n^{(k)} = \frac{2}{\pi}\int_0^\pi x^k \cos nx dx = \left[\frac{2x^k}{\pi}\frac{\sin nx}{n}\right]_0^\pi - \int_0^\pi \left(\frac{2x^k}{\pi}\right)'\frac{\sin nx}{n}dx$$
$$= -\frac{2k}{n\pi}\int_0^\pi x^{k-1}\sin nx dx = -\frac{k}{n}b_n^{(k-1)}$$

となる。

2° $k$ が奇数のとき，$f_k(x)$ は奇関数だから $a_n^{(k)} = 0$ である。また

$$b_n^{(k)} = \frac{2}{\pi}\int_0^\pi x^k \sin nx dx = \left[-\frac{2x^k}{\pi}\frac{\cos nx}{n}\right]_0^\pi + \int_0^\pi \left(\frac{2x^k}{\pi}\right)'\frac{\cos nx}{n}dx$$
$$= \frac{2(-1)^{n-1}\pi^{k-1}}{n} + \frac{2k}{n\pi}\int_0^\pi x^{k-1}\cos nx dx$$
$$= \frac{2(-1)^{n-1}\pi^{k-1}}{n} + \frac{k}{n}a_n^{(k-1)}$$

となる。

**注意** 上の結果より，$f_k(x)$ のフーリエ級数とその項別微分に関してつぎのことがわかる。

1° $k$ が偶数のとき

$$S[f_k](x) = \frac{\pi^k}{k+1} - \sum_{n=1}^{\infty} \frac{kb_n^{(k-1)}}{n} \cos nx$$

と書ける。この式の右辺を項別微分すれば

$$(S[f_k])'(x) = k \sum_{n=1}^{\infty} b_n^{(k-1)} \sin nx = kS[f_{k-1}](x)$$

となって，$(x^k)' = kx^{k-1}$ の関係がフーリエ級数の項別微分でも再現できる。

2° $k$ が奇数のとき

$$S[f_k](x) = \sum_{n=1}^{\infty} \left( \frac{2(-1)^{n-1}\pi^{k-1}}{n} + \frac{k}{n} a_n^{(k-1)} \right) \sin nx$$

と書ける。この式の右辺第 1 項は，式 (3.38) を用いると $\pi^{k-1}x$ に等しいから，右辺の項別微分は

$$(S[f_k])'(x) = \pi^{k-1} + k \sum_{n=1}^{\infty} a_n^{(k-1)} \cos nx = kS[f_{k-1}](x)$$

となって，$(x^k)' = kx^{k-1}$ の関係がフーリエ級数の項別微分でも再現できる。

**練習 3.7** 級数 $S_N = \sum_{n=1}^{N} a_n$，$a_n = 1/n^4$ と置くと，$n \geqq 4$ に対し

$$a_n = \frac{1}{n^4} < \frac{1}{(n-3)(n-2)(n-1)n}$$

よって数列 $\{S_N\}$ は，$N \geqq 4$ に対し

$$\begin{aligned}
S_N &\leqq 1 + \frac{1}{16} + \frac{1}{81} + \frac{1}{1 \cdot 2 \cdot 3 \cdot 4} + \cdots + \frac{1}{(N-3)(N-2)(N-1)N} \\
&= \frac{1393}{1296} + \sum_{n=4}^{N} \frac{1}{(n-3)(n-2)(n-1)n} \\
&= \frac{1393}{1296} + \sum_{n=4}^{N} \frac{1}{3} \left( \frac{1}{(n-3)(n-2)(n-1)} - \frac{1}{(n-2)(n-1)n} \right) \\
&= \frac{1393}{1296} + \frac{1}{3} \left( \frac{1}{1 \cdot 2 \cdot 3} - \frac{1}{(N-2)(N-1)N} \right) < \frac{1393}{1296} + \frac{1}{18}
\end{aligned}$$

より収束する。$a_n > 0$ より $|a_n| = a_n$ であるから，数列 $\{S_N\}$ は絶対収束するといえる。定理 2.6 の (3) より，数列 $\{S_N\}$ は，項の順番を変更しても同じ極限値に収束する。そこで奇数項を加えた後，偶数項を加えることにすると

$$\zeta(4) = \sum_{n=1}^{\infty} \frac{1}{(2n-1)^4} + \sum_{n=1}^{\infty} \frac{1}{(2n)^4} = \frac{\pi^4}{96} + \frac{1}{2^4}\zeta(4)$$

となる。第 2 の等式では，例題 3.7 の結果を用いた。よって次式を得る。

$$\frac{15}{16}\zeta(4) = \frac{\pi^4}{96}, \quad \zeta(4) = \frac{\pi^4}{90}$$

**練習 3.8**　デルタ関数 $\delta(x)$ の複素フーリエ変換は，式 (3.16) より

$$\widehat{\delta}(k) = \int_{-\infty}^{\infty} \delta(x) e^{-ikx} dx = 1$$

となる。$\widehat{\delta}(k)$ のフーリエ逆変換により，デルタ関数の積分表示 (3.75) を得る。

$$\delta(x) = \frac{1}{2\pi} \int_{-\infty}^{\infty} \widehat{\delta}(k) e^{ikx} dk = \frac{1}{2\pi} \int_{-\infty}^{\infty} e^{ikx} dk$$

**練習 3.9**

証明　$n$ が $N$ の倍数のとき，$\omega_N^n = 1$ であるから

$$\sum_{m=0}^{N-1} \omega_N^{nm} = \sum_{m=0}^{N-1} (\omega_N^n)^m = \sum_{m=0}^{N-1} 1 = N$$

となるのは明らかである。

例題 3.9 により，$\omega_N^n$ は $z^N = 1$ の根である。また

$$z^N - 1 = (z-1)(z^{N-1} + \cdots + z + 1)$$

と因数分解されるから，$n$ が $N$ の倍数でないとき，$\omega_N^n \neq 1$ より $z = \omega_N^n$ は

$$z^{N-1} + \cdots + z + 1 = 0$$

の根である。これは，$n$ が $N$ の倍数でないとき

$$\sum_{m=0}^{N-1} \omega_N^{nm} = \sum_{m=0}^{N-1} (\omega_N^n)^m = 0$$

を意味する。よって，題意は示された。 □

**練習 3.10**　例 3.5 のように，$0 \leqq n \leqq 7$ をビット反転操作で並べ替えると**解表 3.1** のようになる。

**解表 3.1**

| Nd | Nb | Nbr | Ndr |
|---|---|---|---|
| 0 | 000 | 000 | 0 |
| 1 | 001 | 100 | 4 |
| 2 | 010 | 010 | 2 |
| 3 | 011 | 110 | 6 |
| 4 | 100 | 001 | 1 |
| 5 | 101 | 101 | 5 |
| 6 | 110 | 011 | 3 |
| 7 | 111 | 111 | 7 |

つぎに，$N = 8$ の高速フーリエ変換を $N = 4$ の高速フーリエ変換を用いて書こう。$N = 4$ のとき，ビット反転操作で $(0, 1, 2, 3)$ は $(0, 2, 1, 3)$ の順に並ぶ。これを $m$ と置いて，式 (3.91) では $m$ を $2m$，式 (3.92) では $m$ を $2m + 1$ に置き換えるので，偶数パートは $(0, 2, 1, 3)$ が $(0, 4, 2, 6)$ に，奇数パートは $(0, 2, 1, 3)$ が $(1, 5, 3, 7)$ になる。これは，$0 \leqq n \leqq 7$ をビット反転操作で並べ替えた結果と同じ並び順である。

$N = 4$ のときの高速フーリエ変換を表す $4 \times 4$ 行列を $F_4$ と置くと，$N = 8$ の高速フーリエ変換は

$$
\begin{bmatrix} \widehat{f}_0 \\ \widehat{f}_4 \\ \widehat{f}_2 \\ \widehat{f}_6 \\ \widehat{f}_1 \\ \widehat{f}_5 \\ \widehat{f}_3 \\ \widehat{f}_7 \end{bmatrix}
= \begin{bmatrix} F_4 & O_4 \\ O_4 & F_4 \end{bmatrix}
\begin{bmatrix} f_0 + f_4 \\ f_1 + f_5 \\ f_2 + f_6 \\ f_3 + f_7 \\ f_0 - f_4 \\ \omega_8^{-1}(f_1 - f_5) \\ \omega_8^{-2}(f_2 - f_6) \\ \omega_8^{-3}(f_3 - f_7) \end{bmatrix}
$$

$$
= \begin{bmatrix} F_4 & O_4 \\ O_4 & F_4 \end{bmatrix}
\begin{bmatrix} I_4 & O_4 \\ O_4 & \Omega_4 \end{bmatrix}
\begin{bmatrix} I_4 & I_4 \\ I_4 & -I_4 \end{bmatrix}
\begin{bmatrix} f_0 \\ f_1 \\ f_2 \\ f_3 \\ f_4 \\ f_5 \\ f_6 \\ f_7 \end{bmatrix}
$$

となる。ここで，$O_4$，$I_4$ はそれぞれ $4 \times 4$ の零行列および単位行列，また

$$
\Omega_4 = \begin{bmatrix} 1 & & & \\ & \omega_8^{-1} & & \\ & & \omega_8^{-2} & \\ & & & \omega_8^{-3} \end{bmatrix}
$$

である。なお，$F_4$ は例 3.4 で求めたつぎの行列である。

$$F_4 = \begin{bmatrix} 1 & 1 & & \\ 1 & -1 & & \\ & & 1 & 1 \\ & & 1 & -1 \end{bmatrix} \begin{bmatrix} 1 & & & \\ & 1 & & \\ & & 1 & \\ & & & -i \end{bmatrix} \begin{bmatrix} 1 & & 1 & \\ & 1 & & 1 \\ 1 & & -1 & \\ & 1 & & -1 \end{bmatrix}$$

**【4 章】**

**練習 4.1**　(1)　定義式 (4.1) に代入して

$$\mathcal{L}\{e^{at}\} = \int_0^\infty e^{at}e^{-st}dt = \left[-\frac{e^{-(s-a)t}}{s-a}\right]_0^\infty = \frac{1}{s-a}$$

(2)，(3)　(2) と (3) は別々に求めてもよいが，オイラーの関係式†

$$e^{i\omega t} = \cos\omega t + i\sin\omega t$$

を用いて一度に計算しよう。(1) の結果に $a = i\omega$ を代入して

$$\mathcal{L}\{e^{i\omega t}\} = \frac{1}{s-i\omega} = \frac{s+i\omega}{(s-i\omega)(s+i\omega)} = \frac{s+i\omega}{s^2+\omega^2}$$

より，この式の実部と虚部から，それぞれつぎの結果を得る。

$$\mathcal{L}\{\cos\omega t\} = \frac{s}{s^2+\omega^2}, \quad \mathcal{L}\{\sin\omega t\} = \frac{\omega}{s^2+\omega^2}$$

**練習 4.2**　$t^{x-1}$ のラプラス変換は

$$\mathcal{L}\{t^{x-1}\} = \int_0^\infty t^{x-1}e^{-st}dt = \int_0^\infty \left(\frac{t'}{s}\right)^{x-1} e^{-t'}\frac{dt'}{s}$$
$$= \frac{1}{s^x}\int_0^\infty (t')^{x-1}e^{-t'}dt' = \frac{\Gamma(x)}{s^x}$$

となる。ここで第 2 の等式では，$t' = st$ と置いた。

**練習 4.3**　(1)　$s^2 - 2s + 5 = (s-1)^2 + 4$ より

$$\frac{s}{s^2-2s+5} = \frac{(s-1)}{(s-1)^2+2^2} + \frac{1}{2}\frac{2}{(s-1)^2+2^2}$$

となる。よって

† 式 (A.1) 参照。

$$\mathcal{L}^{-1}\left\{\frac{s}{s^2-2s+5}\right\} = \mathcal{L}^{-1}\left\{\frac{(s-1)}{(s-1)^2+2^2}\right\} + \frac{1}{2}\mathcal{L}^{-1}\left\{\frac{2}{(s-1)^2+2^2}\right\} = e^t\left(\cos 2t + \frac{1}{2}\sin 2t\right)$$

を得る。ここで，命題 4.3 の表 4.1 (4)〜(6) を用いた。

(2)　$1/(s^3-1) = 1/(s-1)(s^2+s+1)$ を部分分数展開して

$$\frac{1}{s^3-1} = \frac{1}{3}\left(\frac{1}{s-1} - \frac{s+2}{s^2+s+1}\right)$$

となる。よって

$$\begin{aligned}
&\mathcal{L}^{-1}\left\{\frac{1}{s^3-1}\right\} \\
&= \frac{1}{3}\mathcal{L}^{-1}\left\{\frac{1}{s-1}\right\} - \frac{1}{3}\mathcal{L}^{-1}\left\{\frac{s+1/2}{(s+1/2)^2+3/4}\right\} \\
&\quad -\frac{1}{2}\mathcal{L}^{-1}\left\{\frac{1}{(s+1/2)^2+3/4}\right\} \\
&= \frac{1}{3}e^t - \frac{1}{3}e^{-t/2}\cos\frac{\sqrt{3}}{2}t - \frac{1}{\sqrt{3}}e^{-t/2}\sin\frac{\sqrt{3}}{2}t
\end{aligned}$$

を得る。ここで，命題 4.3 の表 4.1 (2)，(4)〜(6) を用いた。

**練習 4.4**　式 (4.7) よりつぎの解を得る。

$$\begin{aligned}
f(t) &= \mathcal{L}^{-1}\left\{\frac{\mathcal{L}\{e^t\}+3}{s-1}\right\} = \mathcal{L}^{-1}\left\{\frac{1/(s-1)+3}{s-1}\right\} \\
&= \mathcal{L}^{-1}\left\{\frac{1}{(s-1)^2} + \frac{3}{s-1}\right\} = e^t(t+3)
\end{aligned}$$

**練習 4.5**　波動方程式 (4.15) の両辺を $t$ に関してラプラス変換すると

$$s^2F(x,s) - s\sin nx = \frac{\partial^2 F}{\partial x^2}(x,s)$$

となる。ここで，式 (4.16 b) より $f(x,0)=\sin nx$，$(\partial f/\partial t)(x,0)=0$ であることを用いた。さらにこの両辺を $x$ に関してラプラス変換すると

$$s^2G(y,s) - \frac{ns}{y^2+n^2} = y^2G(y,s) - \frac{\partial F}{\partial x}(0,s)$$

となる。ここで，式 (4.16 a) より $F(0,s)=0$ となることを用いた。よって

$$
\begin{aligned}
G(y,s) &= \frac{(\partial F/\partial x)(0,s)}{y^2-s^2} - \frac{ns}{(y^2-s^2)(y^2+n^2)} \\
&= \left(\frac{1}{y-s} - \frac{1}{y+s}\right)\left(\frac{1}{2s}\frac{\partial F}{\partial x}(0,s) - \frac{1}{2}\frac{n}{y^2+n^2}\right)
\end{aligned}
$$

を得る。この式の両辺の $y$ に関するラプラス逆変換を施すと

$$
F(x,s) = \frac{e^{sx}-e^{-sx}}{2s}\frac{\partial F}{\partial x}(0,s) - \frac{1}{2}(e^{sx}-e^{-sx}) * (\sin nx) \qquad (解 4.1)
$$

となる。ここで，式 (解 4.1) の右辺第 2 項の畳み込みは

$$
\begin{aligned}
&(e^{sx}-e^{-sx}) * (\sin nx) \\
&= \int_0^x (e^{su}-e^{-su}) \sin n(x-u) du \\
&= \int_0^x (e^{su}-e^{-su}) \mathrm{Im}\,(e^{in(x-u)}) du \\
&= \mathrm{Im}\left\{ e^{inx}\left[\frac{e^{(s-in)u}}{s-in} - \frac{e^{(-s-in)u}}{-s-in}\right]_0^x \right\} \\
&= \mathrm{Im}\left\{ \frac{e^{sx}-e^{inx}}{s-in} + \frac{e^{-sx}-e^{inx}}{s+in} \right\} \\
&= \mathrm{Im}\left\{ \frac{(e^{sx}-e^{inx})(s+in)+(e^{-sx}-e^{inx})(s-in)}{s^2+n^2} \right\} \\
&= \frac{n(e^{sx}-e^{-sx})-2s\sin nx}{s^2+n^2}
\end{aligned}
$$

である。これを式 (解 4.1) に代入し，境界条件 (4.14 a) より $F(\pi,s)=0$ という条件を課すと，$\partial F/\partial x(0,s) = ns/(s^2+n^2)$ でなければならない。よって，結局

$$
F(x,s) = \frac{s}{s^2+n^2}\sin nx
$$

を得る。この式の両辺の $s$ に関するラプラス逆変換を施すことにより

$$
f(x,t) = \sin nx \cos nt
$$

を得る。これが求める解である。

# 章末問題解答

## ★1 章

【1】 $r = \sqrt{x^2 + y^2} \neq 0$ のとき，$\mathrm{rot}\,\boldsymbol{B} = (0, 0, B)$ である。ここで

$$
\begin{aligned}
B &= \frac{\partial}{\partial x}\left(\frac{x}{x^2 + y^2}\right) - \frac{\partial}{\partial y}\left(\frac{-y}{x^2 + y^2}\right) \\
&= \left(\frac{1}{r^2} - x\frac{2}{r^3}\frac{x}{r}\right) + \left(\frac{1}{r^2} - y\frac{2}{r^3}\frac{y}{r}\right) \\
&= \frac{2}{r^2} - \frac{2(x^2 + y^2)}{r^4} = 0
\end{aligned}
$$

である。ここで，2 行目の等式では，$\partial r/\partial x = x/r$，$\partial r/\partial y = y/r$ を用いた。$\mathrm{rot}\,\boldsymbol{B} = \boldsymbol{0}$ だからといって，ストークスの定理（定理 1.13）より

$$
\int_C \boldsymbol{B} \cdot d\boldsymbol{r} \overset{?}{=} \int\!\!\int_S (\mathrm{rot}\,\boldsymbol{B} \cdot \boldsymbol{n})\, dS = 0
$$

と早合点してはいけない。$\mathrm{rot}\,\boldsymbol{B} = \boldsymbol{0}$ は原点（$r = 0$）では成り立っていないからである。そこで，$S\backslash S_\varepsilon$†における $\mathrm{rot}\,\boldsymbol{B}$ の面積分を考えよう。ここで $S_\varepsilon$ とは，原点を中心とする半径 $\varepsilon$（$0 < \varepsilon < a, b$）の円周 $C_\varepsilon$ およびその内部の領域のことである。領域 $S\backslash S_\varepsilon$ では $r \neq 0$ より，至るところ $\mathrm{rot}\,\boldsymbol{B} = 0$ が成り立っている。一方，$S\backslash S_\varepsilon$ の境界は $C$ と $C_\varepsilon$ であるから，ストークスの定理より

$$
0 = \int\!\!\int_{S\backslash S_\varepsilon} (\mathrm{rot}\,\boldsymbol{B} \cdot \boldsymbol{n})\, dS = \oint_C \boldsymbol{B} \cdot d\boldsymbol{r} - \oint_{C_\varepsilon} \boldsymbol{B} \cdot d\boldsymbol{r}
$$

となる。ここで $S$ の境界の向きは，$C$ は反時計回りで $C_\varepsilon$ は時計回りであることを用いた。よって

$$
\oint_C \boldsymbol{B} \cdot d\boldsymbol{r} = \oint_{C_\varepsilon} \boldsymbol{B} \cdot d\boldsymbol{r}
$$

である。

$S_\varepsilon$ 上で，$(x, y, z) = \varepsilon(\cos\theta, \sin\theta, 0)$ と置くと，$d\boldsymbol{r} = \varepsilon(-\sin\theta, \cos\theta, 0)d\theta$，$\boldsymbol{B} = \left(-\varepsilon\sin\theta/\varepsilon^2, \varepsilon\cos\theta/\varepsilon^2, 0\right)$ であるから，$\boldsymbol{B} \cdot d\boldsymbol{r} = d\theta$ である。よって

† $S\backslash S_\varepsilon$ は $S$ から $S_\varepsilon$ をくり抜いた領域を表す。巻頭の本書で用いる記号 (4) 参照。

$$\oint_C \boldsymbol{B}\cdot d\boldsymbol{r} = \int_0^{2\pi} d\theta = 2\pi$$

を得る。

【2】 $r=\sqrt{x^2+y^2+z^2}\neq 0$ のとき

$$\frac{\partial E_1}{\partial x} = \frac{1}{r^3} + x\left(-\frac{3}{r^4}\right)\frac{x}{r} = \frac{1}{r^3} - \frac{3x^2}{r^5}$$

同様に

$$\frac{\partial E_2}{\partial y} = \frac{1}{r^3} - \frac{3y^2}{r^5}, \quad \frac{\partial E_3}{\partial z} = \frac{1}{r^3} - \frac{3z^2}{r^5}$$

であるから

$$\mathrm{div}\,\boldsymbol{E} = \frac{3}{r^3} - \frac{3(x^2+y^2+z^2)}{r^5} = 0$$

が成り立つ。ここで，ガウスの定理（定理 1.15）より

$$\iint_S \boldsymbol{E}\cdot\boldsymbol{n}\,dS \overset{?}{=} \iiint_V \mathrm{div}\,\boldsymbol{E}\,dxdydz = 0$$

と早合点してはいけない。$\mathrm{div}\,\boldsymbol{E}=0$ は原点（$r=0$）では成り立っていないからである。そこで，$V\backslash V_\varepsilon$†における $\mathrm{div}\,\boldsymbol{E}$ の体積積分を考えよう。ここで $V_\varepsilon$ とは，原点を中心とする半径 $\varepsilon$（$0<\varepsilon<1$）の球面 $S_\varepsilon$ およびその内部の領域のことである。領域 $V\backslash V_\varepsilon$ では $r\neq 0$ より，至るところ $\mathrm{div}\,\boldsymbol{E}=0$ が成り立っている。一方，$V\backslash V_\varepsilon$ の境界は $S$ と $S_\varepsilon$ であるから，ガウスの定理より

$$0 = \iiint_{V\backslash V_\varepsilon} \mathrm{div}\,\boldsymbol{E}\,dxdydz = \iint_S \boldsymbol{E}\cdot\boldsymbol{n}\,dS - \iint_{S_\varepsilon} \boldsymbol{E}\cdot\boldsymbol{n}\,dS$$

となる。よって

$$\iint_S \boldsymbol{E}\cdot\boldsymbol{n}\,dS = \iint_{S_\varepsilon} \boldsymbol{E}\cdot\boldsymbol{n}\,dS$$

が成り立つ。

$S_\varepsilon$ 上で，$\boldsymbol{n}=\boldsymbol{r}/r$（ただし，$r=\varepsilon$）であるから，$\boldsymbol{E}\cdot\boldsymbol{n}=\boldsymbol{r}\cdot\boldsymbol{r}/r^4=1/\varepsilon^2$ より

$$\iint_S \boldsymbol{E}\cdot\boldsymbol{n}\,dS = \iint_{S_\varepsilon} \frac{dS}{\varepsilon^2} = 4\pi$$

を得る。ここで，球面 $S_\varepsilon$ の表面積が $4\pi\varepsilon^2$ であることを用いた。

† $V\backslash V_\varepsilon$ は $V$ から $V_\varepsilon$ をくり抜いた領域を表す。巻頭の本書で用いる記号 (4) 参照。

【3】

(1)　球対称な電荷分布なので，点 $\boldsymbol{r}$ での電場の向きはつねに $\boldsymbol{r}$ と同じ向きである（$\rho > 0$ のため，$\rho < 0$ なら $\boldsymbol{r}$ と逆向きになる）。

電場の大きさは，ガウスの法則（法則 1.16）で求められる。半径 $r$ の球 $S_r$ を考えて

$$\int\!\!\int_{S_r} \boldsymbol{E}\cdot\boldsymbol{n}\,dS = 4\pi r^2 E = \frac{Q(r)}{\varepsilon_0}, \quad E(r) = \frac{1}{4\pi\varepsilon_0}\frac{Q(r)}{r^2}$$

が成り立つ。ここで，$Q(r)$ は $S_r$ 内の総電荷量である。

(i)　$r \geqq a$ のときは，$Q(r) = 4\pi a^3\rho/3$ であるから，$E(r) = \rho a^3/3\varepsilon_0 r^2$ を得る。

(ii)　$0 \leqq r < a$ のときは，$Q(r) = 4\pi r^3\rho/3$ であるから，$E(r) = \rho r/3\varepsilon_0$ を得る。

(2)　電位 $\varphi(P)$ は $r = \mathrm{OP}$ の関数になるので，以後 $\varphi(r)$ と記すことにする。

(i)　$r \geqq a$ のときは，$\varphi(r)$ はつぎで与えられる。

$$\varphi(r) = -\int_\infty^r \frac{\rho a^3}{3\varepsilon_0 r^2}dr = \left[\frac{\rho a^3}{3\varepsilon_0 r}\right]_\infty^r = \frac{\rho a^3}{3\varepsilon_0 r}$$

(ii)　$0 \leqq r < a$ のときは，$\varphi(r)$ はつぎで与えられる。

$$\begin{aligned}\varphi(r) &= -\int_\infty^a E(r)dr - \int_a^r E(r)dr \\ &= \varphi(a) - \int_a^r \frac{\rho r}{3\varepsilon_0}dr \\ &= \frac{\rho a^2}{3\varepsilon_0} - \left[\frac{\rho r^2}{6\varepsilon_0}\right]_a^r = \frac{\rho a^2}{2\varepsilon_0} - \frac{\rho r^2}{6\varepsilon_0}\end{aligned}$$

(3)　$r = \sqrt{x^2+y^2+z^2}$ より，$\partial_{x_j}(r) = x_j/r$（$x_j = x, y, z$）が成り立っていることに注意する。

(i)　$r > a$ のときは，$\partial/\partial x_j\,(1/r) = (-1/r^2)(x_j/r) = -x_j/r^3$ より

$$\frac{\partial^2}{\partial x_j^2}\left(\frac{1}{r}\right) = -\frac{1}{r^3} + x_j\frac{3}{r^4}\frac{x_j}{r} = -\frac{1}{r^3} + \frac{3x_j^2}{r^5}$$

である。よって

$$\Delta\varphi = \frac{\rho a^3}{3\varepsilon_0}\left(-\frac{3}{r^3} + \frac{3(x^2+y^2+z^2)}{r^5}\right) = 0 \qquad \text{(解 1.7)}$$

が成り立つ。

(ii) $0 \leqq r < a$ のとき，$r^2 = x^2 + y^2 + z^2$ より，$\Delta r^2 = 6$ である。よって

$$\Delta\varphi = -\frac{\rho}{\varepsilon_0} \tag{解 1.8}$$

が成り立つ。

得られた計算結果式 (解 1.7)，式 (解 1.8) は，**ポアソン方程式**（Poisson's equation）

$$\Delta\varphi = -\frac{\rho(r)}{\varepsilon_0}, \quad \rho(r) = \begin{cases} \rho & (r < a) \\ 0 & (r > a) \end{cases} \tag{解 1.9}$$

が成り立っていることを意味する。ここで，$\rho(r)$ は点 P（OP$= r$）における電荷密度を表す。

【4】 電流分布は円柱の中心軸に関し対称であるので，その電流分布によりできる磁場も軸対称である。よって，点 P における磁場の向きは，P を通り電流に垂直な平面内にあり，直線を中心とする円の接線方向（電流の流れる向きに右ねじを回す向き）であり，磁場の大きさは中心軸からの距離 $r$ のみの関数である。

中心軸に垂直な平面内の半径 $r$ の円周を $C$，$C$ を貫く電流を $I$ とすると，アンペールの法則（法則 1.20）により式 (1.69) が成り立つ。

(1) $r > a$（円柱外）のとき，式 (1.69) より

$$\oint_C \boldsymbol{B} \cdot d\boldsymbol{r} = 2\pi r B(r) = \mu_0 I, \quad B(r) = \frac{\mu_0 I}{2\pi r}$$

$r < a$（円柱内）のとき，$C$ を貫く電流は 0 であるから，$B(r) = 0$ である。よって，つぎの結果を得る。

$$B(r) = \begin{cases} \dfrac{\mu_0 I}{2\pi r} & (r > a) \\ 0 & (r < a) \end{cases}$$

(2) $r > a$ では (1) と同じで，$B(r) = \mu_0 I/2\pi r$ である。

一方，$r < a$ のとき，$C$ を貫く電流は $(r^2/a^2)I$ であるから，式 (1.69) より

$$\oint_C \boldsymbol{B} \cdot d\boldsymbol{r} = 2\pi r B(r) = \frac{\mu_0 I r^2}{a^2}, \quad B(r) = \frac{\mu_0 I r}{2\pi a^2}$$

よって，つぎの結果を得る。

$$B(r) = \begin{cases} \dfrac{\mu_0 I}{2\pi r} & (r > a) \\ \dfrac{\mu_0 I r}{2\pi a^2} & (r < a) \end{cases}$$

## ★2章

【1】

(1) $e^{-i\pi/3} = \cos\dfrac{\pi}{3} - i\sin\dfrac{\pi}{3} = \dfrac{1}{2} - \dfrac{\sqrt{3}}{2}i$

(2) $e^{\pi i} = \cos\pi + i\sin\pi = -1$

(3) $\left(\cos\dfrac{\pi}{12} + i\sin\dfrac{\pi}{12}\right)^2 = (e^{i\pi/12})^2 = e^{i\pi/6} = \cos\dfrac{\pi}{6} + i\sin\dfrac{\pi}{6} = \dfrac{\sqrt{3}}{2} + \dfrac{1}{2}i$

(4) $\omega = e^{2\pi i/5}$ と置くと，$\omega + \omega^2 + \omega^3 + \omega^4$ を求めればよい。$\omega^5 = e^{2\pi i} = 1$ より，$\omega$ は $x^5 = 1$ の $x = 1$ 以外の根の一つである。

$$x^5 - 1 = (x-1)(x^4 + x^3 + x^2 + x + 1) = 0$$

より，$\omega^4 + \omega^3 + \omega^2 + \omega + 1 = 0$ をみたす。よって，$\omega + \omega^2 + \omega^3 + \omega^4 = -1$ を得る。

【2】

(1) $f(z) = \pi/\tan\pi z$ と置くと，極は分母の零点 $z = n$（$n \in \mathbb{Z}$）である。また，$z = n$ が $f(z)$ の1位の極であることは明らかである。$z = 0$ での留数は

$$\lim_{z=0} zf(z) = \lim_{z=0} \frac{\pi z}{\tan\pi z} = 1$$

より1となるので，$z = 0$ での主要部は $1/z$ である。

ところで，$\tan\pi z$ は周期1の関数だから，任意の整数 $n$ に対し，$f(z+n) = f(z)$ が成り立っている。よって，$z = n$ での主要部は，$z = 0$ での主要部 $1/z$ を $n$ だけシフトして，$1/(z-n)$ となる。また，$z = n$ における留数は1である。

(2) 極となるのは $\sin z = 0$ をみたす点であるから，$z = n\pi$（$n \in \mathbb{Z}$）である。$\sin^2 z = \sin^2(z - n\pi) = \left((z-n\pi) - (z-n\pi)^3/6 + \cdots\right)^2$ より，$z = n\pi$ のまわりで

$$\frac{1}{\sin^2 z} = \frac{1}{(z-n\pi)^2}\left(1 - \frac{(z-n\pi)^2}{6} + \cdots\right)^{-2} = \frac{1}{(z-n\pi)^2} + \frac{1}{3} + \cdots$$

と展開できる。よって主要部は，$1/(z-n\pi)^2$ であり，留数は0である。

(3) 極は $z = 0$ と，$\tan z$ が発散する点 $z = (n + 1/2)\pi$（$n \in \mathbb{Z}$）である。

$z = 0$ のまわりでは，$\tan z = z + (z^3/3) + \cdots$ より，主要部は $1/z$ であり，留数は1である。$z = (n+1/2)\pi$ のまわりでは

$$\tan z = \frac{\sin z}{\cos z} = -\frac{\cos(z - (n+1/2)\pi)}{\sin(z - (n+1/2)\pi)}$$

であるから，主要部は，$-1/(n+1/2)^2\pi^2(z-(n+1/2)\pi)$ であり，留数は $-1/\ (n+1/2)^2\pi^2$ である。

(4) 極は $z=\pm 1$ のみである。部分分数展開すると

$$\frac{z^2}{(z^2-1)^3}=\frac{1}{8(z-1)^3}+\frac{1}{16(z-1)^2}-\frac{1}{16(z-1)}$$
$$-\frac{1}{8(z+1)^3}+\frac{1}{16(z+1)^2}+\frac{1}{16(z+1)}$$

であるから，$z=1$ における主要部は，上の部分分数展開の前半の 3 項で，留数は $-1/16$ である。$z=-1$ における主要部は，上の部分分数展開の後半の 3 項で，留数は $1/16$ である。

**【3】**

(1) $z=e^{i\theta}$ と置くと，$d\theta=dz/iz$，$[0,2\pi]$ にわたる積分は，複素平面上の単位円 $|z|=1$ に沿った反時計回りの積分路に置き換わる。また，$\sin\theta=(z-z^{-1})/2i$ より

$$（与式）=\oint_{|z|=1}\frac{dz}{iz}\frac{1}{a+b(z-z^{-1})/2i}=\oint_{|z|=1}\frac{2dz}{bz^2+2iaz-b}$$

となる。被積分関数の分母は，$z=i(-a\pm\sqrt{a^2-b^2})/b=\alpha_\pm$ で 0 になる。このうち，$\alpha_+$ だけが単位円内の点であるから

$$（与式）=2\pi i\operatorname*{Res}_{z=\alpha_+}\frac{2dz}{b(z-\alpha_+)(z-\alpha_-)}=\frac{4\pi i}{2i\sqrt{a^2-b^2}}=\frac{2\pi}{\sqrt{a^2-b^2}}$$

を得る。

(2) 複素関数 $f(z)=1/(1+z^2)^2$ を**解図 2.2** の閉経路 $C$ に沿って積分しよう。閉経路 $C$ は，実軸上の区間 $[-R,R]$ 上の積分と半径 $R$ の上半平面の円弧 $C_R$ に沿った積分との和である。

**解図 2.2**　【3】(2) の積分路

$1+z^2=(z-i)(z+i)$ より，$C$ に囲まれた領域における唯一の極は $i$ であり，2 位の極である。この点における留数は命題 2.21 より

$$\operatorname*{Res}_{z=\infty}f(z)dz=\left(\frac{(z-i)^2}{(z-i)^2(z+i)^2}\right)'\Bigg|_{z=i}=-\frac{2}{(z+i)^3}\Bigg|_{z=i}=\frac{1}{4i}$$

となる。よって，留数定理（定理 2.22）より

$$\int_{-R}^{R} \frac{dx}{(1+x^2)^2} + \int_{C_R} \frac{dz}{(1+z^2)^2} = 2\pi i \times \frac{1}{4i} = \frac{\pi}{2}$$

が成り立つ。この式の左辺第 2 項が $R \to \infty$ で 0 に収束する。実際，経路 $C_R$ 上では $z = Re^{i\theta}$（$0 \leqq \theta \leqq \pi$）より，$dz = Rie^{i\theta}d\theta$ であるから

$$\left|\int_{C_R} \frac{dz}{(1+z^2)^2}\right| = \left|\int_0^{\pi} \frac{Rie^{i\theta}d\theta}{(1+R^2e^{2i\theta})^2}\right|$$
$$\leqq \int_0^{\pi} \frac{Rd\theta}{(R^2-1)^2} = \frac{\pi R}{(R^2-1)^2} \to 0 \quad (R \to \infty)$$

となるからである。よって

$$\int_{-\infty}^{\infty} \frac{dx}{(1+x^2)^2} = \lim_{R\to\infty} \int_{-R}^{R} \frac{dx}{(1+x^2)^2} = \frac{\pi}{2}$$

を得る。

(3)　複素関数 $f(z) = e^{iz^2}$ を**解図 2.3** の閉経路 $C$（0, $R$, $R(i+i)$ を三つの頂点とする直角二等辺三角形の 3 辺）に沿って積分する。図のように，3 辺を $C_1$，$C_2$，$C_3$ と置くと，$C = C_1 + C_2 + C_3$ に囲まれた領域に特異点はないから，コーシーの積分定理（定理 2.15）より

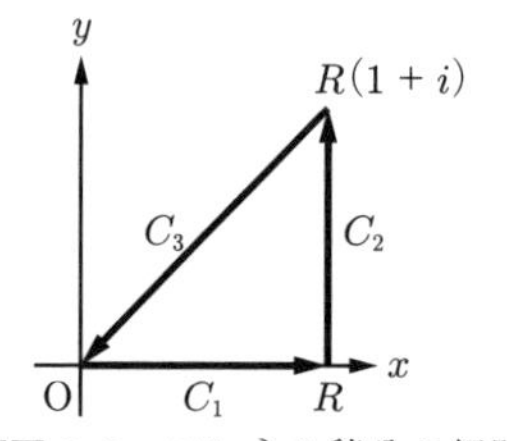

**解図 2.3**　フレネル積分の経路

$$\left(\int_{C_1} + \int_{C_2} + \int_{C_3}\right) f(z)dz = 0$$

が成り立つ。この式の第 1 項は

$$\int_{C_1} f(z)dz = \int_0^R e^{ix^2}dx$$
$$= \int_0^R \cos(x^2)dx + i\int_0^R \sin(x^2)dx$$

である。第 3 項は，$C_3$ 上で $z = e^{i\pi/4}x$（$\sqrt{2}R \geqq x \geqq 0$）より，$f(z) = e^{i(e^{i\pi/4}x)^2} = e^{-x^2}$，$dz = e^{i\pi/4}dx$ であるから

$$\int_{C_3} f(z)dz = \int_{\sqrt{2}R}^{0} e^{-x^2}e^{i\pi/4}dx = -\left(\frac{1}{\sqrt{2}} + \frac{i}{\sqrt{2}}\right)\int_0^{\sqrt{2}R} e^{-x^2}dx$$
$$\to -\left(\frac{1}{\sqrt{2}} + \frac{i}{\sqrt{2}}\right)\frac{\sqrt{\pi}}{2} \quad (R \to \infty)$$

となる。ここで，ガウス積分の公式 (A.9) を用いた。

第 2 項は，$C_2$ 上で $z = R + iy$（$0 \leqq y \leqq R$），$dz = idy$ であるから

$$\left|\int_{C_2} f(z)dz\right| \leqq \int_0^R \left|e^{i(R^2+2iRy-y^2)}idy\right| = \int_0^R e^{-2Ry}dy$$
$$= \frac{(1-e^{-2R^2})}{2R} \to 0 \quad (R \to \infty)$$

が成り立つ。以上を合わせると

$$\int_0^\infty \cos(x^2)dx + i\int_0^\infty \sin(x^2)dx = \frac{\sqrt{\pi}}{2\sqrt{2}} + i\frac{\sqrt{\pi}}{2\sqrt{2}}$$

となる。両辺の実部と虚部を比べて

$$\int_0^\infty \cos(x^2)dx = \int_0^\infty \sin(x^2)dx = \frac{\sqrt{\pi}}{2\sqrt{2}} \tag{解 2.5}$$

を得る。

**注意**　式 (解 2.5) を**フレネル積分**（Fresnel integrals）という。

(4)　この広義積分の定義をきちんと書くと

$$\int_{-\infty}^\infty \frac{\cos bx}{x^2+a^2}dx := \lim_{R,R'\to\infty}\int_{-R'}^R \frac{\cos bx}{x^2+a^2}dx$$
$$= \lim_{R'\to\infty}\int_{-R'}^0 \frac{\cos bx}{x^2+a^2}dx + \lim_{R\to\infty}\int_0^R \frac{\cos bx}{x^2+a^2}dx \tag{解 2.6}$$

であるが，式 (解 2.6) の第 2 項について

$$\left|\int_0^R \frac{\cos bx}{x^2+a^2}dx\right| \leqq \int_0^1 \left|\frac{\cos bx}{x^2+a^2}\right|dx + \int_1^R \left|\frac{\cos bx}{x^2+a^2}\right|dx$$
$$\leqq \int_0^1 \frac{dx}{a^2} + \int_1^R \frac{dx}{x^2} = \frac{1}{a^2} + 1 - \frac{1}{R} < \frac{1}{a^2} + 1$$

より，絶対収束する。絶対収束する級数は収束する（定理 2.6）が，絶対収束する（広義）積分も収束する。同様にして，式 (解 2.6) の第 1 項についても（絶対）収束することが示せる。よって以下では，式 (解 2.6) で $R' = R$ と置いて，積分を計算することにしよう。

被積分関数の分子を $\cos bx$ から $e^{ibx}$ に変えても積分の値は変わらない。なぜなら，$e^{ibx} = \cos bx + i\sin bx$ であるが，積分の虚部 $\int_{-R}^R \sin bx dx/(x^2+a^2)$ は，被積分関数が奇関数であり，積分区間の対称性から 0 となるからである。

そこで，$f(z) = e^{ibz}/(z^2+a^2)$ を**解図 2.4** の経路に沿って積分した値を $I$ と置くと，上半平面の円弧 $C$ 上では，$z = Re^{i\theta}$（$0 \leqq \theta \leqq \pi$）と置けるから

**解図 2.4** 【**3**】(4) の積分路

$$\left|\int_C f(z)dz\right| \leqq \int_0^\pi \left|\frac{e^{ibR(\cos\theta+i\sin\theta)}}{R^2e^{2i\theta}+a^2}Rie^{i\theta}\right|d\theta \leqq \frac{\pi R}{R^2-a^2} \to 0 \ (R\to\infty)$$

より，結局，(与式) $\to I$ $(R\to\infty)$ である。よって

$$(\text{与式}) = 2\pi i \operatorname*{Res}_{z=ia} f(z)dz = \frac{\pi e^{-ab}}{a}$$

を得る。

【**4**】 以下，簡単のため $R = N + 1/2$ と置く。

(1) 閉経路 $C$ 上で $1/\tan\pi\zeta$ の絶対値を評価しよう。辺 PQ 上では，$\zeta = x+iR$ $(-R \leqq x \leqq R)$ であるから

$$\left|\frac{1}{\tan\pi\zeta}\right| = \left|\frac{e^{i\pi(x+iR)}+e^{-i\pi(x+iR)}}{e^{i\pi(x+iR)}-e^{-i\pi(x+iR)}}\right| = \left|\frac{e^{2\pi ix}+e^{2\pi R}}{e^{2\pi ix}-e^{2\pi R}}\right| \leqq \frac{e^{2\pi R}+1}{e^{2\pi R}-1} < 2$$

となる。ここで最後の不等式で，$R$ を十分大きくとれば $e^{2\pi R} > 3$ とできることを用いた。辺 RS 上でも同じである。一方，辺 SP 上では，$\zeta = R+iy$ $(-R \leqq y \leqq R)$ であるから

$$\left|\frac{1}{\tan\pi\zeta}\right| = \left|\frac{e^{i\pi(R+iy)}+e^{-i\pi(R+iy)}}{e^{i\pi(R+iy)}-e^{-i\pi(R+iy)}}\right| = \left|\frac{e^{2\pi iR}+e^{2\pi y}}{e^{2\pi iR}-e^{2\pi y}}\right| = \frac{e^{2\pi y}-1}{e^{2\pi y}+1} < 1 < 2$$

となる。ここで $e^{2\pi iR} = e^{2\pi i(N+1/2)} = -1$ であることを用いた。辺 QR 上でも同じである。よって，閉経路 $C$ 上で $|1/\tan\pi\zeta| < 2$ が成り立つ。

ここで示したい式は

$$I(z) = \oint_C \frac{d\zeta}{(\zeta-z)\tan\pi\zeta}$$

とするとき，$I(z)\to 0$ $(R\to\infty)$ である。$z=0$ と置くと，被積分関数は偶関数になるから，$C$ に沿っての積分は 0 となる。すなわち，$I(0)=0$ である。$z\neq 0$ に対して

$$I(z) - I(0) = \oint_C \left(\frac{1}{\zeta-z}-\frac{1}{\zeta}\right)\frac{d\zeta}{\tan\pi\zeta} = \oint_C \frac{z}{\zeta(\zeta-z)}\frac{d\zeta}{\tan\pi\zeta}$$

より

$$|I(z)-I(0)| \leqq 2\oint_C \frac{|z|}{|\zeta|(|\zeta|-|z|)}|d\zeta| \leqq \frac{16|z|R}{R(R-|z|)} \to 0 \quad (R\to\infty)$$

を得る。よって，$R=N+1/2$ より

$$|I(z)| \to |I(0)| = 0 \quad (N\to\infty)$$

が示された。

(2)　$g(\zeta)=\pi/(\zeta-z)\tan\pi\zeta$ と置くと，閉経路 $C$ の囲む領域にある極は，$\zeta=z$ および $\zeta=n$（$-N\leqq n\leqq N$）であり，留数はそれぞれ

$$\operatorname*{Res}_{\zeta=z} g(\zeta)d\zeta = \frac{\pi}{\tan\pi z}, \quad \operatorname*{Res}_{\zeta=n} g(\zeta)d\zeta = \frac{1}{n-z}$$

である。(1) と留数定理（定理 2.22）により

$$\frac{\pi}{\tan\pi z} + \sum_{n=-N}^{N}\frac{1}{n-z} = \frac{\pi}{\tan\pi z} - \frac{1}{z} - \sum_{n=1}^{N}\left(\frac{1}{z-n}+\frac{1}{z+n}\right) \to 0 \quad (N\to\infty)$$

でなければならない。よって，つぎが成り立つ。

$$\frac{\pi}{\tan\pi z} = \frac{1}{z} + \sum_{n=1}^{\infty}\frac{2z}{z^2-n^2}$$

(3)　(2) より

$$\frac{\pi z}{\tan\pi z} = 1 + \sum_{n=1}^{\infty}\frac{2z^2/n^2}{z^2/n^2-1} = 1 - 2\sum_{n=1}^{\infty}\sum_{m=1}^{\infty}\left(\frac{z^2}{n^2}\right)^m$$

が成り立つ。この式の右辺は絶対収束しているので，和の順序を取り替えることができて

$$\frac{\pi z}{\tan\pi z} = 1 - 2\sum_{m=1}^{\infty}\left(\sum_{n=1}^{\infty}\frac{1}{n^{2m}}\right)z^{2m}$$

と書ける。これと例題 2.4 で $z$ を $\pi z$ に置き換えた

$$\frac{\pi z}{\tan\pi z} = 1 - \sum_{m=1}^{\infty}\frac{2^{2m}B_{2m}}{(2m)!}(\pi z)^{2m}$$

と比較することにより，つぎの式が得られる。

$$\sum_{n=1}^{\infty}\frac{1}{n^{2m}} = \frac{2^{2m-1}B_{2m}}{(2m)!}\pi^{2m} \qquad (解 2.7)$$

## ★3章

**【1】**

(1) フーリエ係数の定義により

$$a_0 = \frac{1}{\pi}\int_{-\pi}^{\pi} f(x)dx = \frac{1}{\pi}\int_0^{\pi} dx = 1$$

および $n > 0$ に対して

$$a_n = \frac{1}{\pi}\int_{-\pi}^{\pi} f(x)\cos nx dx = \frac{1}{\pi}\int_0^{\pi} \cos nx dx = \frac{1}{\pi}\left[\frac{\sin nx}{n}\right]_0^{\pi} = 0$$

$$b_n = \frac{1}{\pi}\int_{-\pi}^{\pi} f(x)\sin nx dx = \frac{1}{\pi}\int_0^{\pi} \sin nx dx$$

$$= \frac{1}{\pi}\left[-\frac{\cos nx}{n}\right]_0^{\pi} = \frac{1-(-1)^n}{n\pi} = \begin{cases} \dfrac{2}{n\pi} & (n = 1, 3, 5, \cdots) \\ 0 & (n = 2, 4, 6, \cdots) \end{cases}$$

である。よって，$f(x)$ のフーリエ展開は

$$S[f](x) = \frac{1}{2} + \frac{2}{\pi}\sum_{n=1}^{\infty}\frac{1}{(2n-1)}\sin(2n-1)x \tag{解 3.7}$$

となる。

**注意**　この問題の $f(x)$ は，区間 $[-\pi, \pi]$ で定義された**ステップ関数**であり，練習 3.5 の $g(x)$ とは $f(x) = (g(x)+1)/2$ の関係にある。よって，$f$ と $g$ のフーリエ級数 $S[f](x)$ と $S[g](x)$ の間にも，式 (解 3.5) と式 (解 3.7) より，$S[f](x) = (S[g](x)+1)/2$ の関係が成り立つ。

(2) $g(x)$ は偶関数だから，$b_n = 0$ となる。また，$a_n$ については

$$a_n = \frac{2}{\pi}\int_0^{\pi}\cos\frac{x}{2}\cos nx dx = \frac{1}{\pi}\int_0^{\pi}\left(\cos\left(n+\frac{1}{2}\right)x + \cos\left(n-\frac{1}{2}\right)x\right)dx$$

$$= \frac{1}{\pi}\left[\frac{\sin(n+1/2)x}{n+1/2} + \frac{\sin(n-1/2)x}{n-1/2}\right]_0^{\pi}$$

$$= \frac{(-1)^n}{\pi}\left(\frac{1}{n+1/2} - \frac{1}{n-1/2}\right) = \frac{(-1)^{n+1}}{\pi}\frac{4}{(2n-1)(2n+1)}$$

である。よって $g(x)$ のフーリエ級数は

$$S[g](x) = \frac{2}{\pi} + \sum_{n=1}^{\infty}\frac{(-1)^{n+1}}{\pi}\frac{4}{(2n-1)(2n+1)}\cos nx$$

$$= \frac{2}{\pi}\left(1 + \frac{2}{1\cdot 3}\cos x - \frac{2}{3\cdot 5}\cos 2x + \frac{2}{5\cdot 7}\cos 3x - \cdots\right) \tag{解 3.8}$$

となる。

**注意**　$2/(2n-1)(2n+1) = 1/(2n-1) - 1/(2n+1)$ に注意して，式 (解 3.8) の両辺に $x=0$ を代入すると，定理 3.7 より $S[g](x) = g(x)$ であるから

$$1 = \frac{2}{\pi}\left(1 + \left(1 - \frac{1}{3}\right) - \left(\frac{1}{3} - \frac{1}{5}\right) + \left(\frac{1}{5} - \frac{1}{7}\right) - \left(\frac{1}{7} - \frac{1}{9}\right) + \cdots\right)$$
$$= \frac{4}{\pi}\left(1 - \frac{1}{3} + \frac{1}{5} - \frac{1}{7} + \cdots\right)$$

となって，マーダヴァ・ライプニッツ級数（式 (解 3.6)）を得る。

**【2】**

(1)　$f(x)$ の複素フーリエ変換は

$$\widehat{f}(k) = \int_{-\infty}^{\infty} f(x)e^{-ikx}dx = \int_{-\infty}^{\infty} \frac{e^{-ikx}}{x^2+a^2}dx \qquad \text{(解 3.9)}$$

で与えられる。

1° $k=0$ のとき，式 (解 3.9) はつぎのように計算できる。

$$\widehat{f}(0) = \int_{-\infty}^{\infty} \frac{dx}{x^2+a^2} = \left[\frac{1}{a}\tan^{-1}\frac{x}{a}\right]_{-\infty}^{\infty} = \frac{\pi}{a}$$

2° $k<0$ のとき，式 (解 3.9) と 2 章の章末問題【**3**】(4) を比べて，$b=-k$ $(b>0)$ と置くことで，つぎの結果を得る。

$$\widehat{f}(k) = \frac{\pi e^{ak}}{a}$$

3° $k>0$ のとき，2 章の章末問題【**3**】(4) とは逆に下半平面を回る閉経路（解図 **3.2**）に沿って，$f(z) = e^{-ikz}/(z^2+a^2)$ を積分する。下半平面の円弧 $C$ 上の積分は 2 章の章末問題【**3**】(4) と同様にして，$R \to +\infty$ の極限で 0 に収束する。

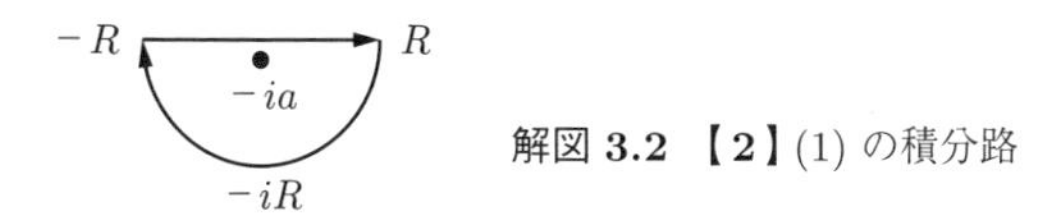

解図 **3.2**　【**2**】(1) の積分路

よって，留数定理（定理 2.22）より，$\widehat{f}(k)$ は被積分関数 $f(z)$ の $z=-ia$ における留数の $-2\pi i$ 倍に等しい。$2\pi i$ 倍ではなく $-2\pi i$ 倍になるのは，図の積分路が 2 章の章末問題【**3**】(4) とは逆に時計回りだからである。ゆえ

につぎの結果を得る。

$$\widehat{f}(k) = -2\pi i \operatorname*{Res}_{z=-ia} \frac{e^{-ikz}}{(z+ia)(z-ia)}dz = \frac{\pi e^{-ak}}{a}$$

結局，1° から 3° をまとめてつぎの結果を得る。

$$\widehat{f}(k) = \frac{\pi e^{-a|k|}}{a}$$

(2)　$\widehat{f}(k) = \pi e^{-a|k|}/a$ のグラフは**解図 3.3** の通りである。

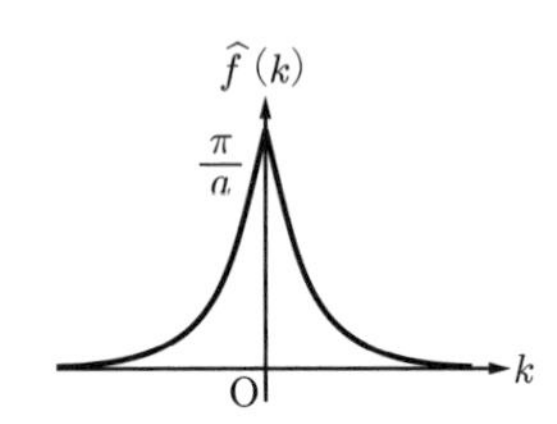


**解図 3.3**　$\widehat{f}(k) = \pi e^{-a|k|}/a$ のグラフ

**【3】**

(1)　例 3.5 や練習 3.10 のように，$0 \leqq n \leqq 15$ をビット反転操作で並べ替えると，**解表 3.2** のようになる。

**解表 3.2**

| Nd | Nb | Nbr | Ndr | Nd | Nb | Nbr | Ndr |
|---|---|---|---|---|---|---|---|
| 0 | 0000 | 0000 | 0 | 8 | 1000 | 0001 | 1 |
| 1 | 0001 | 1000 | 8 | 9 | 1001 | 1001 | 9 |
| 2 | 0010 | 0100 | 4 | 10 | 1010 | 0101 | 5 |
| 3 | 0011 | 1100 | 12 | 11 | 1011 | 1101 | 13 |
| 4 | 0100 | 0010 | 2 | 12 | 1100 | 0011 | 3 |
| 5 | 0101 | 1010 | 10 | 13 | 1101 | 1011 | 11 |
| 6 | 0110 | 0110 | 6 | 14 | 1110 | 0111 | 7 |
| 7 | 0111 | 1110 | 14 | 15 | 1111 | 1111 | 15 |

練習 3.10 の結果より，$N=8$ の場合の並び順は $(0,4,2,6,1,5,3,7)$ である。これを $m$ と置いて，式 (3.91) では $m$ を $2m$，式 (3.92) では $m$ を $2m+1$ に置き換えるので，偶数パートは $(0,8,4,12,2,10,6,14)$ に，奇数パートは $(1,9,5,13,3,11,7,15)$ になる。これは結局，$0 \leqq n \leqq 15$ をビット反転操作で並べ替えた結果と同じ並び順である。

(2)　$N(\log_2 N - 2)/2 + 1 = 16(\log_2 16 - 2)/2 + 1 = 17$ 回の複素乗算と $N \log_2 N = 16 \log_2 16 = 64$ 回の複素加減算が必要である。

【4】

証明　(1)　$F$ はその形から周期 $2\pi$ の関数である。$F$ のフーリエ係数は

$$c_n = \frac{1}{2\pi}\int_{-\pi}^{\pi} F(x)e^{-inx}dx = \frac{1}{2\pi}\int_{-\pi}^{\pi}\sum_{m\in\mathbb{Z}} f(x+2\pi m)e^{-inx}dx \tag{解 3.10}$$

である。$f$ の実軸上の広義積分が絶対収束しているため，式 (解 3.10) の積分と無限和は交換できる。よって次式を得る。

$$\begin{aligned} c_n &= \frac{1}{2\pi}\sum_{m\in\mathbb{Z}}\int_{-\pi}^{\pi} f(x+2\pi m)e^{-in(x+2\pi m)}dx \\ &= \frac{1}{2\pi}\int_{-\infty}^{\infty} f(x)e^{-inx}dx = \frac{1}{2\pi}\widehat{f}(n) \end{aligned}$$

(2)　$F$ は周期 $2\pi$ の連続関数であるから，$S[F](x) = F(x)$ が成り立つ。よって

$$F(x) = \sum_{n\in\mathbb{Z}} c_n e^{inx} = \frac{1}{2\pi}\sum_{n\in\mathbb{Z}}\widehat{f}(n)e^{inx} \tag{解 3.11}$$

となる。式 (解 3.11) で $x=0$ と置くと

$$\sum_{m\in\mathbb{Z}} f(2\pi m) = \frac{1}{2\pi}\sum_{n\in\mathbb{Z}}\widehat{f}(n) \tag{解 3.12}$$

を得る。

(3)　式 (解 3.12) に【2】の結果，すなわち $f(x) = 1/(x^2+a^2)$ とその複素フーリエ変換 $\widehat{f}(k) = \pi e^{-a|k|}/a$ を代入すると

$$\sum_{m\in\mathbb{Z}}\frac{1}{(2\pi m)^2+a^2} = \frac{1}{2\pi}\sum_{n\in\mathbb{Z}}\frac{\pi e^{-a|n|}}{a} \tag{解 3.13}$$

となる。式 (解 3.13) にさらに $a = 2\pi$ を代入すると

$$\sum_{m\in\mathbb{Z}}\frac{1}{m^2+1} = \sum_{n\in\mathbb{Z}}\pi e^{-2\pi|n|},\quad 1+\sum_{m=1}^{\infty}\frac{2}{m^2+1} = \pi\left(1+2\sum_{n=1}^{\infty}e^{-2\pi n}\right)$$

を得る。右辺のカッコ内の式は

$$1+2\sum_{n=1}^{\infty}e^{-2\pi n} = 1+\frac{2e^{-2\pi}}{1-e^{-2\pi}} = \frac{1+e^{-2\pi}}{1-e^{-2\pi}} = \frac{e^{\pi}+e^{-\pi}}{e^{\pi}-e^{-\pi}} = \frac{\cosh\pi}{\sinh\pi}$$

となるから，つぎの関係式が成り立つ。

$$1 + \sum_{m=1}^{\infty} \frac{2}{m^2+1} = \frac{\pi}{\tanh \pi}$$ □

## ★4章

【1】

(1)　ラプラス変換の定義式 (4.1) に $f(t)$ を代入して

$$\mathcal{L}\{f(t)\} = \int_0^\infty f(t)e^{-st}dt = \int_a^b e^{-st}dt = \left[-\frac{e^{-st}}{s}\right]_a^b = \frac{e^{-as} - e^{-bs}}{s}$$

を得る。

(2)　命題 4.3 の表 4.1 (5) より $\mathcal{L}\{\cos\omega t\} = s/(s^2+\omega^2)$ であり，さらに定理 4.1 (6) より，つぎの結果を得る。

$$\mathcal{L}\{g(t)\} = -\frac{d}{ds}\left(\frac{s}{s^2+\omega^2}\right) = -\frac{(s)'(s^2+\omega^2) - s(s^2+\omega^2)'}{(s^2+\omega^2)^2}$$
$$= \frac{s^2-\omega^2}{(s^2+\omega^2)^2}$$

【2】 (1)　命題 4.3 の表 4.1 (6) と定理 4.1 (7) より，つぎの結果を得る。

$$\mathcal{L}^{-1}\left\{\frac{1}{(s^2+1)^2}\right\} = \sin t * \sin t = \int_0^t \sin u \sin(t-u)du$$
$$= \frac{1}{2}\int_0^t (\cos(2u-t) - \cos t)du$$
$$= \left[\frac{\sin(2u-t)}{4} - \frac{u\cos t}{2}\right]_0^t = \frac{\sin t - t\cos t}{2}$$

(2)　命題 4.3 の表 4.1 (5)，(6) と定理 4.1 (7) より，つぎの結果を得る。

$$\mathcal{L}^{-1}\left\{\frac{s}{(s^2+1)^2}\right\} = \sin t * \cos t = \int_0^t \sin u \cos(t-u)du$$
$$= \frac{1}{2}\int_0^t (\sin(2u-t) + \sin t)du$$
$$= \left[-\frac{\cos(2u-t)}{4} + \frac{u\sin t}{2}\right]_0^t = \frac{t\sin t}{2}$$

【3】

証明　(1)　$\mathcal{L}\{f'(t)\}$ を定義に基づき計算すると

$$\mathcal{L}\{f'(t)\} = \int_0^\infty f'(t)e^{-st}dt$$

$$= \int_0^T f'(t)e^{-st}dt + \int_T^\infty f'(t)e^{-st}dt \qquad (解 4.2)$$

となる。ここで $T > 0$ の前後で積分区間を二つに分けた。$f(t)$ は $C^1$ 級だから $f'(t)$ は連続関数である。よって式 (解 4.2) の右辺第 1 項は，積分の第一平均値の定理より

$$\int_0^T f'(t)e^{-st}dt = f'(T')e^{-sT'}T \to 0 \quad (s \to \infty)$$

となる。ここで $T'$ は $0 < T' < T$ をみたすある正数である。また，式 (解 4.2) の右辺第 2 項は，$t - T$ をあらためて $t$ と置き換える変数変換をすることにより

$$\begin{aligned}\int_T^\infty f'(t)e^{-st}dt &= e^{-sT}\int_0^\infty f'(t+T)e^{-st}dt \\ &= e^{-sT}\mathcal{L}\{f'(t+T)\} \to 0 \quad (s \to \infty)\end{aligned}$$

となる。よって結局，式 (解 4.2) の右辺は，$s \to \infty$ の極限で 0 に等しい。$\mathcal{L}\{f'(t)\} = sF(s) - f(0)$ であることと合わせて

$$\lim_{s\to\infty} sF(s) = f(0)$$

が成り立つ。

(2)　$\mathcal{L}\{1\} = 1/s$ より，$sF(s) - A = s\mathcal{L}\{f(t) - A\}$ が成り立つ。$g(t) = f(t) - A$ と置くと，$g(t) \to 0$（$t \to \infty$）なので，任意の正数 $\varepsilon$ に対して $t > T$ ならば，$|g(t)| < \varepsilon$ が成り立つような $T > 0$ が存在する。

定義により，$s\mathcal{L}\{g(t)\}$ は

$$s\mathcal{L}\{g(t)\} = s\left(\int_0^T g(t)e^{-st}dt + \int_T^\infty g(t)e^{-st}dt\right) \qquad (解 4.3)$$

である。ここで，積分区間を $T$ の前後で分けた。式 (解 4.3) の右辺のカッコ内第 1 項の積分 $J$ は，連続な（したがって有界な）関数の有限区間の積分なので有限値である。よって，右辺第 1 項は $sJ \to 0$（$s \to 0$）である。一方，右辺第 2 項は

$$s\left|\int_T^\infty g(t)e^{-st}dt\right| < s\varepsilon\int_T^\infty e^{-st}dt = \varepsilon e^{-sT}$$

となって，$\varepsilon$ は任意に小さくとれる正数であるから，$T \to \infty$ で 0 に収束する。よって

$$sF(s) - A = s\mathcal{L}\{g(t)\} \to 0 \quad (s \to 0)$$

が成り立つ。これは，$\lim_{s\to 0} sF(s) = A$ を意味する。 □

【4】 熱方程式 (4.13) の両辺を $t$ に関してラプラス変換すると

$$sF(x,s) - \delta(x) = \frac{\partial^2 F}{\partial x^2}(x,s)$$

となる。ここで，式 (4.14 b) より $f(x,0) = \delta(x)$ であることを用いた。さらにこの両辺を $x$ に関してラプラス変換すると

$$sG(y,s) - 1 = y^2 G(y,s) - yF(0,s) - \frac{\partial F}{\partial x}(0,s)$$

となる。ここで，デルタ関数のラプラス変換は

$$\mathcal{F}\{\delta(x)\} = \lim_{\varepsilon\to +0}\int_{-\varepsilon}^{\infty}\delta(x)e^{-yx}dx = 1$$

である†。また，境界条件 $f(0,t) = 1/2\sqrt{\pi t}$ より

$$F(0,s) = \int_0^\infty \frac{1}{2\sqrt{\pi t}}e^{-st}dt = \int_0^\infty \frac{1}{2\sqrt{\pi p^2}}e^{-sp^2}2pdp = \frac{1}{2\sqrt{s}}$$

である。ここで，第 1 の等式では $s = p^2$ と変数変換し，第 2 の等式ではガウス積分公式 (A.9) を用いた。よって

$$G(y,s) = \frac{1}{y^2 - s}\left(\frac{\partial F}{\partial x}(0,s) - 1 + \frac{y}{2\sqrt{s}}\right)$$

を得る。この式の両辺の $y$ に関するラプラス逆変換を施すと

$$\begin{aligned} F(x,s) &= \frac{1}{i\sqrt{s}}\sin(i\sqrt{s}x)\left(\frac{\partial F}{\partial x}(0,s) - 1\right) + \frac{1}{2\sqrt{s}}\cos(i\sqrt{s}x) \\ &= \frac{1}{\sqrt{s}}\sinh(\sqrt{s}x)\left(\frac{\partial F}{\partial x}(0,s) - 1\right) + \frac{1}{2\sqrt{s}}\cosh(\sqrt{s}x) \end{aligned} \qquad (解 4.4)$$

となる。ここで，第 1 の等式では $-s = (i\sqrt{s})^2$ であることと命題 4.3 の表 4.1 (5)，(6) を用い，第 2 の等式では式 (2.37) を用いた。

† 注意 4.1 参照

さて，ラプラス変換では$x \geqq 0$のみを定義域としているから，$x \to \pm\infty$の境界条件のうち$\lim_{x\to+\infty} f(x,t) = 0$のみを式(解 4.4)に課そう。すると$\lim_{x\to+\infty} F(x,s) = 0$であるから，$\partial F/\partial x(0,s) = 1/2$でなければならず，結局

$$F(x,s) = \frac{1}{2\sqrt{s}}\left(\cosh(\sqrt{s}x) - \sinh(\sqrt{s}x)\right) = \frac{e^{-\sqrt{s}x}}{2\sqrt{s}} \qquad (解 4.5)$$

を得る。この式の両辺の$s$に関するラプラス逆変換を施すことにより

$$f(x,t) = \frac{1}{2\pi i}\int_{c-i\infty}^{c+i\infty} \frac{e^{-\sqrt{s}x}}{2\sqrt{s}} e^{st} ds$$

を得る。この複素積分は，$g(z) = e^{-\sqrt{z}x}e^{zt}/4\pi i\sqrt{z}$を**解図 4.1** に沿って積分し，$R \to \infty$の極限をとることにより求めることができる（詳細略）。

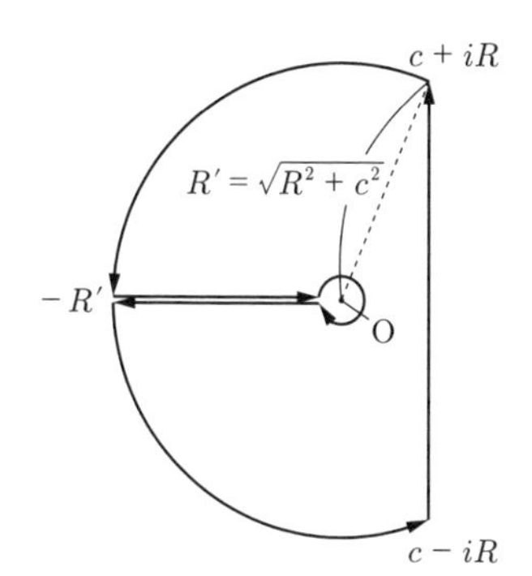


解図 **4.1**　【**4**】の積分路

結果は

$$f(x,t) = \frac{1}{\pi}\int_0^{\infty} e^{-p^2 t}\cos(xp)dp$$

となる。積分記号下の微分公式より

$$\begin{aligned}\frac{\partial f}{\partial x}(x,t) &= -\frac{1}{\pi}\int_0^{\infty} p e^{-p^2 t}\sin(xp)dp \\ &= \left[\frac{e^{-p^2 t}}{2\pi t}\sin(xp)\right]_0^{\infty} - \int_0^{\infty}\frac{x e^{-p^2 t}}{2\pi t}\cos(xp)dp \\ &= -\frac{x}{2t}f(x,t) \qquad (解 4.6)\end{aligned}$$

を得る。ここで，第 2 の等式では部分積分を施した。$x$に関する偏微分方程式(解 4.6)を解いて

$$f(x,t) = f(0,t)e^{-x^2/4t} = \frac{e^{-x^2/4t}}{2\sqrt{\pi t}} \tag{解 4.7}$$

を得る。ここで最後の等式では，境界条件 $f(0,t) = 1/2\sqrt{\pi t}$ を用いた。これが求める解である。

**注意**　ここでの解法は，最後のラプラス逆変換の計算に，2 章の複素関数論の知識が必要となる。ここでは検算の意味を込めて，式 (解 4.7) の $t$ に関するラプラス変換が式 (解 4.5) で与えられることを確かめよう。定義により

$$\begin{aligned}\mathcal{F}\{f(x,t)\} &= \int_0^\infty \frac{e^{-x^2/4t}}{2\sqrt{\pi t}} e^{-st} dt = \int_0^\infty \frac{e^{-x^2/4p^2}}{2\sqrt{\pi p^2}} e^{-sp^2} 2pdp \\ &= \frac{1}{\sqrt{\pi}} \int_0^\infty e^{-sp^2 - x^2/4p^2} dp\end{aligned}$$

となる。ここで第 2 の等式では，$s = p^2$ と変数変換した。この式を $x$ の関数と見なして $I(x)$ と置くと，積分記号下の微分ができる（証明略）ので

$$I'(x) = \frac{1}{\sqrt{\pi}} \int_0^\infty \frac{-x}{2p^2} e^{-sp^2 - x^2/4p^2} dp$$

を得る。ここで，$p = x/2\sqrt{s}u$ と置くと

$$\begin{aligned}I'(x) &= \frac{1}{\sqrt{\pi}} \int_\infty^0 \frac{-2su^2}{x} e^{-x^2/4u^2 - su^2} \left(-\frac{x}{2\sqrt{s}u^2}\right) du \\ &= -\sqrt{s} I(x)\end{aligned} \tag{解 4.8}$$

と変形できる。微分方程式 (解 4.8) を解いて $I(x) = I(0)e^{-\sqrt{s}x}$ を得る。また，$x = 0$ と置いたものはガウス積分公式 (A.8) より $I(0) = 1/2\sqrt{s}$ となる。よって

$$I(x) = \frac{1}{2\sqrt{s}} e^{-\sqrt{s}x} = F(x,s)$$

を得る。

別解　この問題では，$t \geqq 0$ だが $x$ は実数全体を動くので，まず $x$ に関して実軸上にわたって積分するフーリエ変換を施すことにする。$f(x,t)$ の $x$ に関するフーリエ変換を $\widehat{f}(k,t)$ と記すと，命題 3.15 の表 3.1 (6) より

$$\frac{\partial \widehat{f}}{\partial t}(k,t) = -k^2 \widehat{f}(k,t)$$

となる。ここで，左辺では積分記号下の微分ができると仮定した。さらにこの両辺を $t$ に関してラプラス変換すると，$\widehat{f}(k,t)$ の $t$ に関するラプラス変換

を $\widehat{F}(k,s)$ として

$$s\widehat{F}(k,s)-\widehat{f}(k,0)=-k^2\widehat{F}(k,s) \tag{解 4.9}$$

となる。ここで左辺第 2 項は，初期条件 $f(x,0)=\delta(x)$ より

$$\widehat{f}(k,0)=\int_{-\infty}^{\infty}\delta(x)e^{-ikx}dx=1$$

となる。この結果を式 (解 4.9) に代入すると

$$\widehat{F}(k,s)=\frac{1}{s+k^2} \tag{解 4.10}$$

式 (解 4.10) の両辺の $s$ に関するラプラス逆変換を施すと，命題 4.3 の表 4.1 (2) より

$$\widehat{f}(k,t)=e^{-k^2t}$$

となる。さらにこの式の両辺の $k$ に関するフーリエ逆変換を施すと

$$\begin{aligned}f(x,t)&=\frac{1}{2\pi}\int_{-\infty}^{\infty}e^{-k^2t}e^{ikx}dk\\&=\frac{e^{-x^2/4t}}{2\pi}\int_{-\infty}^{\infty}e^{-t(k-ix/2t)^2}dk=\frac{e^{-x^2/4t}}{2\sqrt{\pi t}}\end{aligned} \tag{解 4.11}$$

ここで最後の等式では，ガウス積分公式 (A.8) を用いた†。

式 (解 4.11) は $x=0$ と置くと，境界条件の一つ $f(0,t)=1/2\sqrt{\pi t}$ をみたす。また，$x\to\pm\infty$ の極限をとると，もう一つの境界条件 $\lim_{x\to\pm\infty}f(x,t)=0$ をみたす。よって，式 (解 4.11) が求める解である。

**注意**　この問題では，$x$ に関するフーリエ変換と $t$ に関するラプラス変換を用いたので，$x$ に関する急減少関数との仮定があれば，境界条件は不要である。

† $g(z)=e^{-tz^2}$ は複素平面 $\mathbb{C}$ 上で正則だから，$k\in\mathbb{R}-ix/2t$ 上の積分を実軸上の積分（ガウス積分）に直すことができる。

# 索　　引

## ―― 著 者 略 歴 ――


1988 年　東京大学理学部物理学科卒業
1993 年　東京大学大学院理学系研究科博士課程修了（物理学専攻）
　　　　博士（理学）
1993 年　京都大学数理解析研究所研修員（日本学術振興会特別研究員）
～98 年
1994 年　メルボルン大学数学科 Research Fellow (Level A)
～95 年
1998 年　鈴鹿医療科学大学講師
2005 年　鈴鹿医療科学大学助教授
2006 年　鈴鹿医療科学大学教授
　　　　現在に至る



徹底解説 応用数学
―ベクトル解析，複素解析，フーリエ解析，ラプラス解析―
Thorough Description on Applied Mathematics—Vector Analysis, Complex Analysis, Fourier Analysis and Laplace Analysis—




2016 年 9 月 5 日　初版第 1 刷発行　★

検印省略

著　者　桑野泰宏（くわの やすひろ）
発 行 者　株式会社　コロナ社
　　　　代 表 者　牛来真也
印 刷 所　三美印刷株式会社

112–0011　東京都文京区千石 4–46–10
発行所　株式会社　コ ロ ナ 社
CORONA PUBLISHING CO., LTD.
Tokyo Japan
振替 00140–8–14844・電話(03)3941–3131(代)
ホームページ http://www.coronasha.co.jp

ISBN 978–4–339–06111–6　（新井）　（製本：愛千製本所）
Printed in Japan